高等职业院校"双高计划"建设教材
"十四五"高等职业教育计算机应用技术系列教材

MySQL数据库技术项目化应用

荣慧媛　宋　辞　杨　淳◎主　编
于金平　蔡金武　李　鹏◎副主编

中国铁道出版社有限公司
CHINA RAILWAY PUBLISHING HOUSE CO., LTD.

内 容 简 介

本书在设计上采用"大项目,一项目到底"的编写思路,侧重于学生的动手实践能力。本书以MySQL数据库管理系统为平台,选用"学生信息"数据库为项目贯穿始终。全书以"学生信息"数据库的设计、应用与管理为主线,以数据库系统的开发过程为顺序,循序渐进地讲述了数据库的设计、数据库及表的创建、数据完整性操作、数据库查询、视图和索引的使用、T-SQL语言、存储过程、数据库的可靠性和安全性等内容。

本书适合作为高等职业院校计算机及其相关专业的教材,也可作为相关人员学习MySQL的自学教材或培训用书。

图书在版编目(CIP)数据

MySQL数据库技术项目化应用/荣慧媛,宋辞,杨淳主编. —北京:
中国铁道出版社有限公司,2023.10
高等职业院校"双高计划"建设教材
"十四五"高等职业教育计算机应用技术系列教材
ISBN 978-7-113-30535-2

Ⅰ.①M… Ⅱ.①荣… ②宋… ③杨… Ⅲ.①SQL语言-数据库管理系统-高等职业教育-教材 Ⅳ.①TP311.132.3

中国国家版本馆CIP数据核字(2023)第169486号

书　　名:MySQL数据库技术项目化应用
作　　者:荣慧媛　宋　辞　杨　淳

策　　划:潘星泉　　　　　　　　　编辑部电话:(010)51873090
责任编辑:潘星泉　王占清
封面设计:郑春鹏
责任校对:刘　畅
责任印制:樊启鹏

出版发行:中国铁道出版社有限公司(100054,北京市西城区右安门西街8号)
网　　址:http://www.tdpress.com/51eds/

印　　刷:天津嘉恒印务有限公司
版　　次:2023年10月第1版　2023年10月第1次印刷
开　　本:787 mm×1 092 mm　1/16　印张:15.25　字数:359千
书　　号:ISBN 978-7-113-30535-2
定　　价:48.00元

版权所有　侵权必究

凡购买铁道版图书,如有印制质量问题,请与本社教材图书营销部联系调换。电话:(010)63550836
打击盗版举报电话:(010)63549461

前 言

数据库技术是计算机应用领域中非常重要的技术,数据库的应用极大地促进了计算机技术在各个领域的渗透。MySQL 作为目前最流行的关系型数据库管理系统,由于其具有体积小、速度快、跨平台、开源免费等优点,因此被广泛应用于 Internet 的中小型网站上。因为 MySQL 具备了企业级数据库管理系统的特性,所以在游戏领域和企事业单位的项目中经常使用 MySQL 数据库管理和使用数据。

本书融合课程教学团队多年的教学和项目开发经验编写而成,选用贴近学生生活的一个综合项目"学生信息"数据库贯穿全书始终,按照数据库应用系统实际项目开发的工作过程,从设计到实现,培养学生数据库的创建、应用和管理等操作技能,帮助学生在操作实践中学习相关的知识点。本书围绕该系统数据库的应用和维护,将整个项目分为 11 个子项目。每个子项目又分为若干个任务,通过任务的实现过程,详细介绍了 MySQL 数据库的管理与使用方法。同时,为了加强学生的学习效果,本书在每个项目后都配备了相应的项目实践,完成一个"网上商城"数据库的创建及使用,使学生能运用所学的知识完成实际的工作任务,达到学以致用的目的。

本书所有例题都已调试通过,每个子项目后的项目实践都经过精心编制,实用性非常强,可以帮助学生更好地掌握相应的数据库技术和知识。

本书由黑龙江农业工程职业学院荣慧媛、宋辞、杨淳任主编,由黑龙江农业工程职业学院于金平、蔡金武、李鹏任副主编,黑龙江大学青巴图等也参加了本书的编写工作。

由于编者水平有限,书中难免存在疏漏和不妥之处,敬请广大读者提出宝贵意见和建议,我们将不胜感激。您在阅读本书时,若发现任何问题或不妥之处,请发送电子邮件至 lilyr2004@126.com 与我们联系。

编 者
2023 年 5 月

目 录

项目 1 部署数据库开发环境 ·· 1
任务 1　安装和配置 MySQL ·· 1
任务 2　使用 MySQL ··· 10
任务 3　使用 MySQL 图形化管理工具 Navicat ··· 14
思考与探索 ··· 25

项目 2 设计"学生信息"数据库 ·· 27
任务 1　分析数据,绘制 E-R 图 ·· 28
任务 2　将 E-R 图转换为关系模型 ··· 29
任务 3　规范化数据 ·· 30
思考与探索 ··· 40

项目 3 创建和管理"学生信息"数据库 ·· 42
任务 1　创建数据库 ·· 42
任务 2　管理数据库 ·· 43
思考与探索 ··· 53

项目 4 创建和管理"学生信息"数据表 ·· 55
任务 1　创建和查看"学生信息"数据表 ·· 56
任务 2　管理"学生信息"数据表 ··· 58
思考与探索 ··· 79

项目 5 添加和修改"学生信息"数据库中的数据 ······································ 80
任务 1　插入数据 ··· 80
任务 2　完善数据 ··· 83
思考与探索 ··· 95

项目 6 查询"学生信息"数据库中的数据 ·· 97
任务 1　单表查询 ··· 97

任务 2	分类汇总	98
任务 3	多表查询	99
思考与探索		116

项目 7　使用视图优化查询"学生信息"数据库 …… 118

任务 1	创建视图	118
任务 2	使用视图	119
任务 3	管理视图	120
思考与探索		135

项目 8　使用索引优化查询"学生信息"数据库 …… 137

任务 1	创建索引	137
任务 2	管理索引	138
思考与探索		148

项目 9　使用程序操作"学生信息"数据库 …… 149

任务 1	使用函数实现数据访问	149
任务 2	使用存储过程实现数据访问	150
思考与探索		175

项目 10　维护"学生信息"数据库的安全性 …… 177

任务 1	用户管理	177
任务 2	权限管理	178
思考与探索		194

项目 11　维护"学生信息"数据库的高可用性 …… 195

任务 1	备份数据	195
任务 2	恢复数据	196
思考与探索		236

参考文献 …… 237

项目 1

部署数据库开发环境

任务情境

随着移动互联网技术的发展,各种信息都可以存储在相应的数据库中,通过网络来实现相应的操作和管理。开发团队要进行"学生信息管理系统"的开发,首先要搭建好工作环境——安装和配置 MySQL,登录 MySQL 服务器,熟悉 MySQL 界面工具的使用。

学习目标

(1)通过本项目的学习,学生能够了解数据库的基本概念;了解 SQL;能在 Windows 操作系统下安装 MySQL 数据库;学会启动、登录和配置 MySQL 数据库。

(2)增强学生的专业认同感,激发学生的爱国主义热情,逐步培养学生的文化自信和家国情怀。

知识准备

问题1-1 什么是数据库?
问题1-2 什么是数据库管理系统?
问题1-3 什么是关系型数据库管理系统?
问题1-4 常用的关系型数据库管理系统有哪些?
问题1-5 MySQL 数据库管理系统有哪些优势?
问题1-6 SQL 语言的特点是什么?

任务 1 安装和配置 MySQL

任务分析

设计人员在进行数据库应用系统开发前,首先要了解 MySQL 数据库管理系统,熟悉工作环境,进而安装和配置 MySQL。

MySQL5 是 MySQL 发展历程中的一个里程碑，它使 MySQL 具备了企业级数据库管理系统的特性，可以提供强大的功能。本书安装和配置的是 MySQL Server 5.5（以下简称 MySQL5.5）版本，运行在 Windows 操作系统下。具体操作步骤如下。

1. 安装 MySQL

MySQL 的安装过程与其他应用程序的安装过程类似，其安装步骤如下。

（1）首先在官方网站下载 MySQL5.5。其次双击 MySQL5.5 的安装文件，打开 MySQL 的安装向导，安装界面如图 1-1 所示，然后单击"Next"按钮进入用户许可协议界面，如图 1-2 所示。

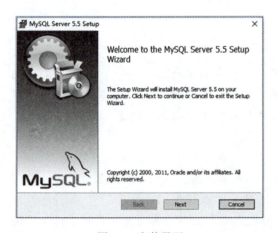

图 1-1　安装界面　　　　　　　　图 1-2　用户许可协议界面

（2）接受图 1-2 所示的用户许可协议，单击"Next"按钮，进入选择安装类型界面，如图 1-3 所示。在该图中有三种方式可供选择：Typical（典型安装）、Custom（自定义安装）、Complete（完全安装），可以选择"Typical"按钮进行安装。

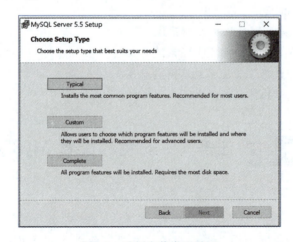

图 1-3　选择安装类型界面

(3)进入安装准备界面,如图 1-4 所示,单击"Install"按钮,进行 MySQL 的安装。安装进度如图 1-5 所示。

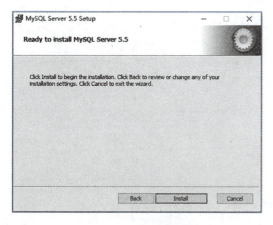

图 1-4　安装准备界面

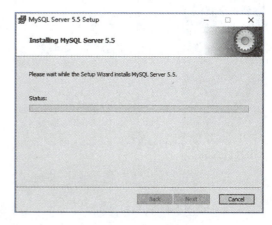

图 1-5　安装进度

(4)安装完成后进入 MySQL 简介界面,如图 1-6 所示,如果单击"More"按钮,则会在浏览器中打开 MySQL 相关知识介绍界面;如果单击"Next"按钮,则会出现安装完成界面,如图 1-7 所示。

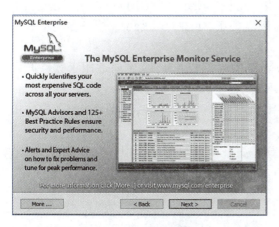

图 1-6　MySQL 简介界面

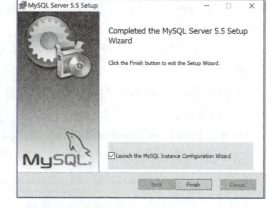

图 1-7　安装完成界面

至此,MySQL 的安装已经完成。图 1-7 中的复选框"Launch the MySQL Instance Configuration Wizard"用于开启 MySQL 的配置向导,若选中该复选框,安装程序会进入 MySQL 配置向导。

注意:若不选中复选框"Launch the MySQL Instance Configuration Wizard",还可以到 MySQL 安装目录下的 bin 文件夹直接启动 MySQLInstanceConfig.exe 文件,也能够打开 MySQL 的配置工具。

2. 配置 MySQL

MySQL 安装完成后,需要对 MySQL 服务器进行配置,具体的配置步骤如下。

(1)启动配置向导,进入配置对话框,配置向导介绍如图 1-8 所示。单击"Next"按钮,进入配置类型界面,选择配置类型,如图 1-9 所示。

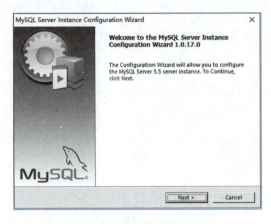

图 1-8　配置向导介绍

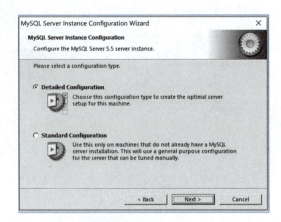

图 1-9　选择配置类型

(2)在图 1-9 中,配置向导提供了两种配置类型,具体说明如下。

• Detailed Configuration:本选项适合想要详细配置服务器的高级用户。

• Standard Configuration:本选项适合想要快速启动 MySQL 而不必考虑服务器配置的用户。

(3)为了解 MySQL 的详细配置过程,在图 1-9 中选中"Detailed Configuration"单选按钮,单击"Next"按钮进入服务器类型介绍界面,设置服务器类型,如图 1-10 所示。服务器类型有三种可供选择,具体说明如下。

• Developer Machine(开发者类型):本类型消耗的内存资源最少,主要适用于软件开发者,而且也是默认选项,建议一般用户选择该选项。

• Server Machine(服务器类型):本类型占用的内存资源稍多一些,主要用作服务器的机器可以选择该选项。

• Dedicated MySQL Server Machine(专用 MySQL 服务器):本类型占用所有的可用资源,消耗内存最大,专门用做数据库服务器的机器可以选择该选项。

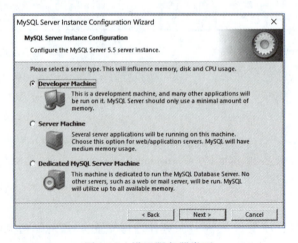

图 1-10　设置服务器类型

（4）由于本教程主要用于学习和测试，此处选择默认选项"Developer Machine"。单击"Next"按钮，进入数据库用途界面，设置数据库用途，如图 1-11 所示。配置向导提供了三种类型供选择，具体说明如下。

• Multifunctional Database（多功能数据库）：本选项同时使用 InnoDB 和 MyISAM 存储引擎，并在两个引擎之间平均分配资源。建议经常使用两个存储引擎的用户选择该选项。

• Transactional Database Only（事务处理数据库）：本选项同时使用 InnoDB 和 MyISAM 存储引擎，但是将大多数服务器资源指派给 InnoDB 存储引擎。建议主要使用 InnoDB 存储引擎偶尔使用 MyISAM 存储引擎的用户选择该选项。

• Non-Transactional Database Only（非事务处理数据库）：本选项禁用 InnoDB 存储引擎，将所有服务器资源指派给 MyISAM 存储引擎。建议不使用 InnoDB 存储引擎的用户选择该选项。

（5）选择"Multifunctional Database"单选按钮，进行通用配置，单击"Next"按钮，打开 InnoDB 表空间配置界面，设置数据库存储空间，如图 1-12 所示。在这里可以为 InnoDB 的数据库文件选择一个存储空间，默认位置为 MySQL 数据库安装目录。

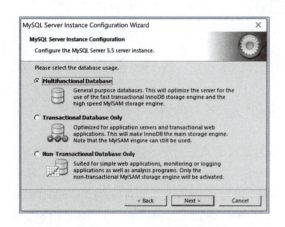

图 1-11　设置数据库用途

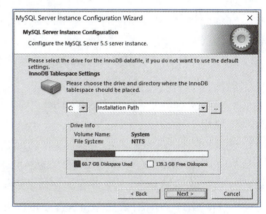

图 1-12　设置数据库存储空间

（6）单击图 1-12 中的"Next"按钮，进入服务器最大并发连接数选择界面，设置并发连接数，如图 1-13 所示。这里提供了三种连接数据配置选项，具体说明如下。

• Decision Support（DSS）/OLAP（决策支持）：本选项平均并发连接数为 20，当服务器不需要大量的并发连接时可以选择该选项。

• Online Transaction Processing（OLTP）（联机事务处理）：本选项最大并发连接数为 500，当服务器需要大量的并发连接时选择该选项。

• Manual Setting（人工设置）：本选项默认并发连接数设置网络选项为 15，用户可以自己设置并发连接数。

（7）在图 1-13 中单击"Next"按钮，进入网络选项配置界面设置网络选项，选择是否启用 TCP/IP 连接，配置用来连接 MySQL 服务器的端口号，MySQL 默认端口号为"3306"，如图 1-14 所示。如果端口号被占用了，那么可以更改，但一定要记住它，后面会用到这个端口号。

注意：端口号是一个软件的身份证号，是一个软件在计算机中的唯一标识。当用户需要修改端口号时，要保证新设置的端口号未被占用。

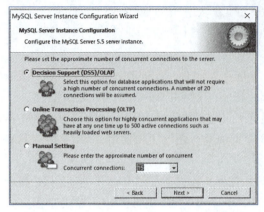

图 1-13　设置并发连接数　　　　　图 1-14　设置网络选项

（8）在图 1-14 中单击"Next"按钮，进入默认字符编码配置界面，设置字符编码，如图 1-15 所示，配置向导提供了三种字符编码类型，具体说明如下。

• Standard Character Set（标准字符集）：本选项是默认的字符集，支持英文和许多西欧语言，默认值为"latin1"。

• Best Support For Multilingualism（支持多种语言）：本选项支持大部分语言的字符集，默认字符集为"UTF8"。

• Manual Selected Default Character Set/Collation（人工选择的默认字符集/校对规则）：本选项主要用于手动设置字符集。

注意：字符集是用来定义存储字符串的方式，校对规则定义了比较字符串的方式。MySQL5.5支持 39 种字符集和 100 多种校对规则，每个字符集至少对应一个校对规则。UTF8 被称为通用转换格式，又称为万国码。UTF8 包含全世界所有国家需要用到的字符，是国际编码，通用性强。

（9）在图 1-15 中选择"Manual Selected Default Character Set/Collation"单选按钮，并在该选项中将字符集编码设置为"utf8"，然后单击"Next"按钮，进入设置 Windows 选项界面，如图 1-16 所示。

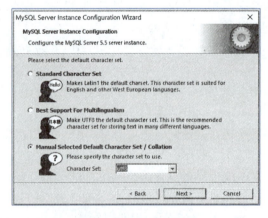
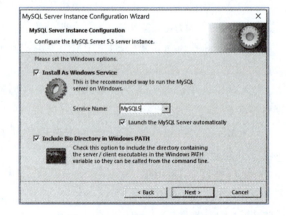

图 1-15　设置字符编码　　　　　图 1-16　Windows 选项界面

（10）在图 1-16 中，可以配置是否将 MySQL 安装为 Windows 服务，并且可以设置服务名称,此外还可以将 MySQL 的 bin 目录加入 Windows PATH。本书安装过程将服务器名称设为"MySQL5",选择将 MySQL 安装为 Windows 服务,并加入 Windows PATH 目录下。

注意:将 MySQL 安装为 Windows 服务,服务器的启动和管理可以由 Windows 服务组件管理。将 bin 目录加入 Windows PATH,可以在任何目录下直接运行 bin 目录下的可执行文件。

(11)在图 1-16 中单击"Next"按钮,进入安全设置界面。该界面可以设置是否要修改默认 root 用户(超级管理员)的密码,如设置密码为"888",也可以设置是否启动 MySQL 服务器的远程访问功能和是否创建匿名用户。如果不希望别人以 root 身份远程访问你的数据库,那么就不要勾选"Enable root access from remote machines"复选框。安全设置如图 1-17 所示。

(12)在图 1-17 中单击"Next"按钮,进入准备执行配置界面,如图 1-18 所示。

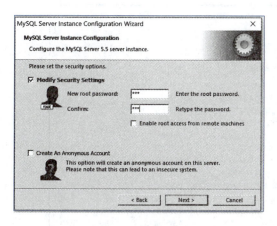

图 1-17 安全设置

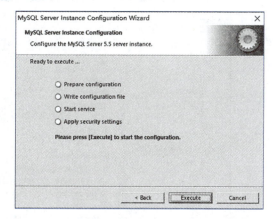

图 1-18 准备执行配置界面

(13)在图 1-18 中确定设置无误后,单击"Execute"按钮,配置向导执行一系列配置任务,配置完成后,会自动打上四个"√",并显示相关概要信息,如图 1-19 所示。

(14)在图 1-19 中单击"Finish"按钮,完成 MySQL 服务器的配置。

如果配置失败了,那么该怎么办?配置失败的原因,很可能是服务器名称或端口号被占用了,如图 1-20 所示。此时,可以单击"Back"按钮,后退到相应的位置,重新修改服务器名称和端口号。如果仍然不能配置成功,那么要卸载 MySQL,清理残留,然后再重新安装和配置。

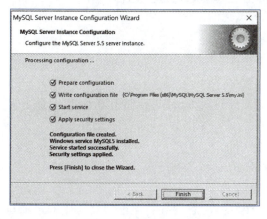

图 1-19 配置完成

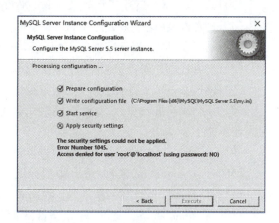

图 1-20 配置失败

卸载 MySQL 可以通过控制面板卸载。清理残留需要清理两个位置的文件残留，首先找到 MySQL 的安装路径，MySQL 默认的安装路径为：C:\Program Files (x86)，在该路径下找到 MySQL 文件夹，将其删除即可；接下来还要删除 MySQL 的数据目录，找到 C:\ProgramData 文件夹，在该目录下找到 MySQL 文件夹，然后将其删除。

注意：ProgramData 文件夹是默认隐藏的，一般不显示，需要取消隐藏才能看见。

3. 安装后的目录结构

MySQL 安装成功后，在 MySQL 的安装目录下包含启动文件、配置文件、数据库文件和命令文件等，MySQL 安装后的目录结构如图 1-21 所示。

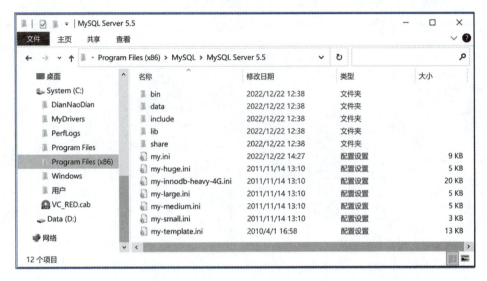

图 1-21　MySQL 安装后的目录结构

图 1-21 中各文件夹或文件的具体释义如下。

（1）bin 文件夹：用于放置可执行文件，如 mysql.exe、mysqld.exe、mysqlshow.exe 等。

（2）data 文件夹：用于放置日志文件及数据库。

（3）include 文件夹：用于放置头文件，如 mysql.h、mysqld_ername.h 等。

（4）lib 文件夹：用于放置库文件。

（5）share 文件夹：用于存放字符集、语言等信息。

（6）my.ini 文件：MySQL 数据库中使用的配置文件。

（7）my-huge.ini 文件：适合超大型数据库的配置文件。

（8）my-innodb-heavy-4G.ini 文件：表示该配置文件只对 InnoDB 存储引擎有效，且服务器的内存不能小于 4GB。

（9）my-large.ini 文件：适合大型数据库的配置文件。

（10）my-medium.ini 文件：适合中型数据库的配置文件。

（11）my-small.ini 文件：适合小型数据库的配置文件。

（12）my-template.ini 文件：配置文件的模板，MySQL 配置向导将该配置文件中的选项写入 my.ini 文件中。

注意：my.ini 文件是 MySQL 正在使用的配置文件，当 MySQL 服务加载时会读取该文件的配置信息。

4. 更改 MySQL 的配置

MySQL 数据库管理系统安装成功后，可以根据实际需要更改配置信息。通常更改配置信息的方式有两种：一种方式是通过启动 bin 文件夹下的 MySQLInstanceConfig.exe 文件，重新打开配置向导，这里不再赘述；另一种方式是通过修改安装目录下的 my.ini 文件，以记事本方式打开该文件，其主要配置信息如下。

```
# MySQL 服务器实例配置文件
# 客户端参数配置
# CLIENT SECTION
# ----------------------------------------------------------------
[client]
# 数据库连接端口，默认为"3306"
port = 3306
[mysql]
# 客户端默认字符集
default-character-set = utf8


# 服务器端参数配置
# SERVER SECTION
# ----------------------------------------------------------------
[mysqld]
# MySQL 服务程序 TCP/IP 监听端口，默认为"3306"
port = 3306
# 服务器安装路径
basedir = "C:/Program Files (x86)/MySQL/MySQL Server 5.5/"
# 服务器中数据文件的存储路径
datadir = "C:/ProgramData/MySQL/MySQL Server 5.5/Data/"
# 设置服务器端的字符集
character-set-server = utf8
# 设置默认的存储引擎，创建表时若不指定存储引擎，则默认为该存储引擎，即为 INNODB
default-storage-engine = INNODB
# 设置 MySQL 服务器的最大连接数
max_connections = 100
# 允许临时存放在缓存区内的查询结果的最大容量
query_cache_size = 0


# 服务器安全配置
# section [mysqld_safe]
# 同时打开数据表的数量
```

```
table_cache=256
#临时数据表的最大容量
tmp_table_size=18M
#服务器线程缓存数
thread_cache_size=8

#***   MyISAM指定参数   ***
#重建索引时,MyISAM允许的临时文件的最大容量
myisam_max_sort_file_size=100G
#重建索引或加载数据文件到空表时,缓存区的大小
myisam_sort_buffer_size=35M
#关键词缓存区大小,用来为MyISAM表缓存索引块
key_buffer_size=25M
#MyISAM表全扫描的缓存区大小
read_buffer_size=64K
#排序操作时与磁盘间的数据缓存区大小
read_rnd_buffer_size=256K
#排序缓存区大小
sort_buffer_size=256K

#***   INNODB指定参数   ***
#缓存索引和行数据缓冲池大小
innodb_additional_mem_pool_size=2M
#设置写入日志文件到磁盘上的时候,默认为"1",表示提交事务时写入
innodb_flush_log_at_trx_commit=1
#设置日志数据缓存区大小
innodb_log_buffer_size=1M
#innodb缓冲池大小
innodb_buffer_pool_size=47M
#innodb日志文件大小
innodb_log_file_size=24M
#innodb存储引擎最大线程数
innodb_thread_concurrency=34
```

可以根据实际需要修改对应的配置项,并重新启动 MySQL 服务。

 任务 2　使用 MySQL

　　MySQL 数据库管理系统分为客户端和服务器端。在安装和配置 MySQL 后,需要启动

MySQL 服务,客户端才能正常登录 MySQL 数据库服务器。

使用 MySQL 的具体操作步骤如下。

1. 启动和停止 MySQL 服务

MySQL 服务是一种在 Windows 操作系统后台运行的程序,任务 1 在安装时,已将 MySQL 安装为 Windows 服务,当 Windows 操作系统启动时,MySQL 服务也随之启动。若用户需要手动配置 MySQL 服务的启动和停止,一般可以通过操作系统命令和 Windows 服务管理器启动和停止 MySQL 服务。

1)通过操作系统命令启动和停止 MySQL 服务

使用操作系统命令"net"可以启动或停止 MySQL 服务,其操作方法为:单击 Windows 操作系统中的"开始"按钮,选择"运行"选项,输入命令"cmd"后按回车键,打开 Windows 命令提示符窗口。

启动 MySQL 服务的命令如下。

```
net start mysql5
```

命令行启动 MySQL 服务的执行结果如图 1-22 所示。

图 1-22 命令行启动 MySQL 服务的执行结果

停止 MySQL 服务的命令如下。

```
net stop mysql5
```

命令行停止 MySQL 服务的执行结果如图 1-23 所示。

图 1-23 命令行停止 MySQL 服务的执行结果

注意:mysql5 是安装 MySQL 服务器时指定的服务器名称。学生要根据自己的服务器名称启动或停止 MySQL 服务。

2）通过 Windows 服务管理器启动和停止 MySQL 服务

右击桌面上"计算机"图标，在弹出的快捷菜单中选择"管理"选项，打开"计算机管理"窗口，选择"服务与应用程序"下的"服务"选项，在右边的服务列表中找到"MySQL5"服务，右击，在弹出的快捷菜单中选择"启动""停止"或"暂停"命令来改变服务的状态。Windows 操作系统中的系统服务列表如图 1-24 所示。

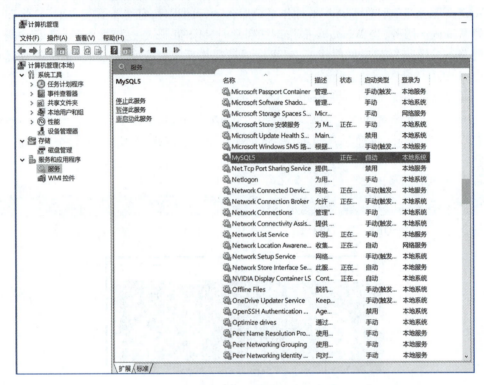

图 1-24　Windows 操作系统中的系统服务列表

2. 登录 MySQL 数据库

MySQL 服务启动后，就可以通过客户端登录 MySQL 服务器。在命令行窗口中，登录 MySQL 的命令行格式如下。

```
mysql -h主机地址 -u用户名 -p
```

语法说明如下。

- 当客户端与服务器在同一台机器时，主机地址可以使用 localhost 或 127.0.0.1。
- -p 表示后面的参数为指定用户的密码。

【例 1.1】用户 root，登录 MySQL 服务。打开 Windows 命令行窗口，输入如下代码。

```
mysql -h localhost -u root -p
```

系统提示"Enter password"，输入对应密码，验证正确即可成功登录 MySQL 服务器，利用命令登录 MySQL 的执行结果如图 1-25 所示。

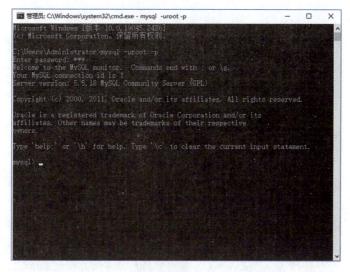

图 1-25　利用命令登录 MySQL 的执行结果

从图 1-25 中可以看出，密码验证成功后会加载 MySQL 服务器的欢迎和说明信息，并进入"mysql >"命令提示符，这表示登录已经成功。

注意：当本地登录 MySQL 服务器时，可以省略主机名。例 1.1 的登录命令可以省略为"mysql -u root -p"，学生可以尝试操作。

还可以在 Windows 操作系统的"开始"菜单中，直接选中 MySQL 自带的"MySQL5.5 Command Line Client"命令进行登录，这里不再赘述。

3. 查看 MySQL 命令帮助信息

在"mysql >"命令提示符后输入"help"，可以查看到 MySQL 的命令帮助信息。

```
mysql > help
```

执行结果如图 1-26 所示。

图 1-26　MySQL 相关命令

任务 3　使用 MySQL 图形化管理工具 Navicat

任务分析

MySQL 图形化管理工具极大地方便数据库的操作和管理。常用的 MySQL 图形化管理工具有 Navicat for MySQL、MySQL WorkBench、phpMyAdmin、MySQL Gui Tools、MySQL ODBCConnector 等。其中 Navicat 是一套可靠且低成本的国产数据库管理和设计工具。本书选用 Navicat 作为 MySQL 图形化管理工具,版本号为 Navicat 15 for MySQL。

Navicat 是我国开发的 MySQL 图形化管理和开发工具,用于访问、配置、控制和管理 MySQL 数据库服务器中的所有对象及组件。Navicat 将多样化的图形工具和脚本编辑器融合在一起,MySQL 的开发和管理人员提供数据库的管理和维护、数据的查询及维护等操作。

任务实施

Navicat 的具体操作步骤如下。

1. Navicat 登录 MySQL 服务器

在 Navicat 官方网站下载并安装 Navicat。

正确安装好 MySQL 服务器和 MySQL 图形化管理工具 Navicat 后,就可以使用 Navicat 管理和操作 MySQL 数据库服务器。

1)启动 Navicat

执行 Windows 桌面"开始"→"所有程序"→"PremiumSoft"→"Navicat 15 for MySQL"命令,打开 Navicat 的操作界面,如图 1-27 所示。操作界面由连接资源管理器、对象管理器及对象等组成。

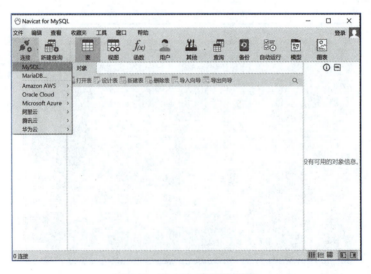

图 1-27　Navicat 的操作界面

2）使用 Navicat 连接 MySQL 服务器

单击图 1-27 中的"连接"按钮,选择"MySQL"命令,打开"新建连接"对话框,并输入需要的连接名"rhy",主机（或 IP 地址）、端口、用户名和密码,如图 1-28 所示。

注意:连接名可以随意,当客户端与服务器在同一台机器时,主机地址可以使用 localhost,端口号和密码必须是 MySQL 安装时设置的端口号和密码。

单击图 1-28 中的"测试连接"按钮,测试连接成功后,双击"rhy"连接,打开 rhy 连接的 MySQL 服务器中管理的所有数据库,如图 1-29 所示。成功登录 MySQL 服务器后,用户就可以使用 Navicat 管理和操作数据库、表、视图、查询等对象。

图 1-28　"新建连接"对话框

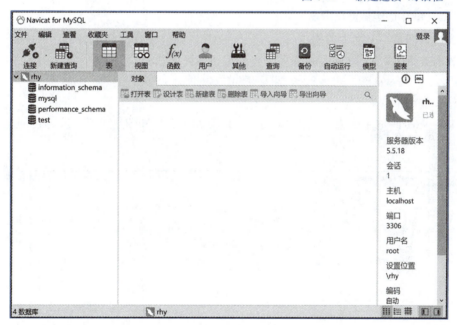

图 1-29　打开"rhy"连接

2. Navicat 中使用命令列工具

除了强大的界面管理,Navicat 还提供了命令列工具,方便用户使用命令操作。

在 Navicat 中使用命令操作 MySQL 的步骤如下。

单击"工具"→"命令列界面"（或按 F6 键）选项,打开 MySQL 命令列界面,可以看到 MySQL 的命令提示符"mysql＞",在此可以输入相关命令进行操作。命令列操作界面如图 1-30 所示。

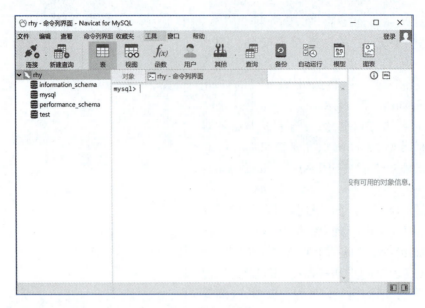

图 1-30　命令列操作界面

3. Navicat 中使用查询编辑器

查询编辑器是一个文本编辑工具，主要用来编辑、调试或执行 SQL 命令。Navicat 提供了选项卡式的查询编辑器，能同时打开多个查询编辑器视图。

【例 1.2】Navicat 中执行查询命令，查看 MySQL 内置的系统变量。

操作步骤如下。

（1）在 Navicat 的主界面中单击"新建查询"按钮，打开 MySQL 查询编辑器，创建查询如图 1-31 所示。

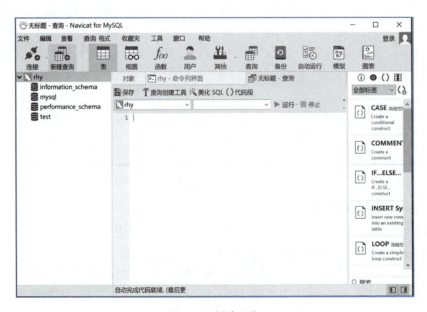

图 1-31　创建查询

项目 1　部署数据库开发环境

（2）在编辑点输入查看内置系统变量的命令如下。

```
mysql> show variables;
```

查询编辑器会为每一行命令添加行号。单击查询编辑器中的"运行"按钮可以执行当前查询编辑器中的所有命令；若只需要执行部分语句，可以选中要执行的语句，单击"运行已选择的"命令。执行查询如图 1-32 所示。

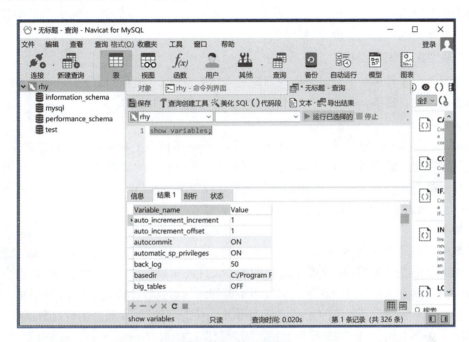

图 1-32　执行查询

注意：在 MySQL 中，每一行命令都用分号"；"作为结束。

（3）运行时，查询编辑器会分析查询命令，并给出运行结果。查询结果包括信息、结果、剖析和状态四个选项，分别显示出该查询命令影响数据记录情况、结果集、每项操作所用时间和查询过程中系统变量的使用情况，并在结果状态栏中显示出查询所用时间及查询结果集的行数，如图 1-32 所示。

用户若要保存查询编辑器的查询文本，则单击"保存"按钮即可。此外，查询编辑器还提供了"美化 SQL"和"导出结果"的功能。

注意：查询编辑器默认保存地址为"C:\Navicat\MySQL\profiles\AutoSave\"。

一、数据库的基本概念

1. 数据库

数据库（database，DB），就是存放数据的仓库。只不过这个仓库是存储在计算机中的，而且数据是按一定的格式组织、存储和管理的。规范的定义：数据库是指长期存储在计算机内的、有组织的、可共享的数据集合。

2. 数据库管理系统

数据库管理系统(database management system,DBMS),有时也称为数据库软件。它是数据库系统中最重要的组成部分,由它来实现对数据库的统一管理和操作,以保证数据库的安全性和完整性。数据库管理系统主要分为两大类:一类称关系型数据库(简称 RDBMS),另一类称非关系型数据库(简称 NOSQL)。其中,关系型数据库是我们重点要学习的,MySQL 就是关系型数据库管理系统的一种。

3. 关系型数据库管理系统

关系型数据库管理系统是以表格的形式来存储数据的,下面我们来看一下常见的关系型数据库管理系统有哪些?

1) Oracle

Oracle 是由 Oracle 公司开发的,到目前为止,Oracle 是世界上功能最强大的数据库管理系统。它的处理速度最快,安全机制也最好。但是它有一个最大的缺点,就是它是收费的,要安装一个都要花费几万元,而且它后期的服务也是要收费的,所以很多企业综合来考虑,就不选择 Oracle 了,因为从成本方面看,还是 MySQL 比较好。

2) MySQL

MySQL 最初是由瑞典 MySQL AB 公司研发的,2008 年被 Sun 公司收购,而 Sun 公司又在 2010 年被 Oracle 公司收购,MySQL 也就归到了 Oracle 公司的旗下。因为 MySQL 体积小、速度快,而且是开源免费的,所以现在绝大多数中小型网站的后台数据库用的都是 MySQL。例如,京东、淘宝、网易、百度、新浪等使用的都是 MySQL。在游戏领域,大部分的后台数据库也在使用 MySQL。中国电网、中国移动等很多项目实际上也在使用 MySQL。

3) DB2

DB2 是 IBM 公司开发的,相对来说 DB2 的稳定性和性能方面都还是不错的。但是,它比较适合处理海量的数据,这样对于一些企业来说,就体现不出 DB2 的优越性了。因此它没有前面两个数据库使用率高。

4) SQL Server

SQL Server 是微软公司开发的,它是支持标准 SQL 的数据库管理系统,但它有一个最大的缺点:只有在 Windows 操作系统下才能更好地发挥它的优越性。因此它也没有 MySQL 流行,因为 MySQL 适用于任何操作系统。

在数据库领域,目前我们国家毫不逊色。例如,我们国家有蚂蚁集团完全自主研发的全新分布式关系型数据库(OceanBase),还有达梦公司推出的高性能数据库达梦数据库等。相比国外的数据库,国产数据库具有数据强一致性、高可用性、高扩展性、高兼容性、低成本等优点,它们也越来越多地被应用于我们国家很多企事业单位和政府部门。

4. SQL

SQL(structured query language,结构化查询语言),是访问关系型数据库的语言,最早是由 IBM 公司开发的,它不是某个数据库供应商所专有的语言,几乎所有数据库软件都支持 SQL。当然,每一个数据库产品又都有自己的小特色语言。相比而言,SQL 比编程语言简单,它的逻辑性没有那么复杂。SQL 虽然简单,但它却能完成非常复杂和高级的数据库操作。SQL 根据功能的不同被划分为数据定义语言、数据操纵语言和数据控制语言。

1)数据定义语言

数据定义语言(data definition language,DDL),用于创建、修改和删除数据库及数据库对象。

2)数据操纵语言

数据操纵语言(data manipulation language,DML),用于实现对数据库中数据的检索、插入、删除和修改等操作。

3)数据控制语言

数据控制语言(data control language,DCL),用于数据库的访问权限及数据库操作事务的控制。

二、MySQL 简介

1. MySQL 的特点

MySQL 作为关系型数据库的重要产品之一,其主要特点如下。

1)可移植性好

MySQL 支持超过 20 种开发平台,包括 Linux、Windows、FreeBSD、IBM AIX、HP-UX、Mac OS、OpenBSD、Solaris 等,使得在不同平台上开发的应用系统都可以移植,而且不需要对程序做任何修改。

2)强大的数据保护功能

MySQL 具有灵活和安全的权限和密码系统,允许基于主机的验证。连接到服务器时,所有的密码传输均采用加密形式,同时提供 SSH 和 SSI 支持,以实现安全和可靠的连接。

3)提供多种存储引擎

MySQL 中提供了多种数据库存储引擎,这些引擎各有所长,适用于不同的应用场合,用户可以选择最合适的引擎,以得到最好的性能。

4)功能强大

无论是大量数据的高速传输系统,还是每天访问量超过数亿的高强度的搜索 Web 站点,强大的存储引擎使 MySQL 能够有效地应用于任何数据库应用系统,高效完成各种任务。

5)支持大型数据库

InnoDB 存储引擎将 InnoDB 表保存在一个表空间内,该表空间可由数个文件创建。这样,表的大小就能超过单独文件的最大容量。表空间还可以包括原始磁盘分区,从而使构建很大的表成为可能,最大容量可以达到 64 TB。因此 MySQL 支持大型数据库。

6)运行速度快

运行速度快是 MySQL 的显著特性。在 MySQL 中使用了极快的"B 树"磁盘表(MyISAM)和索引压缩;通过使用优化的"单扫描多连接",MySQL 能够实现极快的连接;SQL 函数使用高度优化的类库实现。

2. MySQL 的版本

根据应用场景的不同,MySQL 官方网站提供了不同的 MySQL 下载版本。

（1）Oracle MySQL Cloud Service（企业版）：付费使用，提供安全、经济、高效的企业级 MySQL 云服务。

（2）MySQL Enterprise Edition（企业版）：付费使用，提供完善的技术支持。

（3）MySQL Cluster CGE（企业版）：付费使用，MySQL 集群服务，是具有线性可伸缩性和高可用性的分布式关系型数据库，提供跨分区、分布式数据集的内存实时访问。

（4）MySQL Community Edition（社区版）：源代码开放，免费使用，但不提供官方的技术支持。

通常使用的是 MySQL Community Edition。按照操作系统的不同，MySQL 数据库服务器又分为 Windows 版、Linux 版、Mac OS 版等。用户根据自己所使用的操作系统，选择相应的版本下载。

3. MySQL 的语法规范

（1）不区分大小写，但建议关键字大写，表名、列名小写。

例如：

```
SHOW CREATE DATABASE mydb;
```

其中 show create database 都是关键字，所以这种写法比较规范。

（2）每条命令要用分号结尾。

（3）每条命令根据需要，可以在适当位置缩进或换行（不要在关键字中间换行，关键字不能截断）。

例如：

```
CREATE TABLE myusers(
uID int,
uName varchar(30),
uPwd varchar(30)
);
```

（4）添加注释，可以使代码的可读性更好。

• 单行注释：#

语法结构如下。

```
#注释内容
```

例如：

```
#SELECT * FROM person;
```

相当于把"SELECT * FROM person"；这条语句注释掉了，注释的内容是不被执行的，所以该语句在 MySQL 中不会被运行。

• 单行注释：--

语法结构如下。

```
-- 注释内容
```

注意："--"和注释内容之间有一个空格。

例如:

```
-- SELECT * FROM person;
```

相当于把"SELECT * FROM person";这条语句注释掉了,该语句在 MySQL 中不会被运行。

- 多行注释:/* …… */

语法结构如下。

```
/* 注释内容 */
```

例如:

```
/*USE mydb;
SELECT * FROM person;*/
```

相当于把这两条语句都注释掉了,这两条语句在 MySQL 中不会被运行。

任务评价表

技能目标	安装和配置 MySQL;启动和停止 MySQL 服务; 登录 MySQL 数据库;安装和使用 Navicat			
综合素养 自我评价	需求分析能力	编码规范能力	排查错误能力	团队协作能力

国产数据库介绍

随着互联网的高速发展,目前数据的存储越来越多,传统的数据库逐渐不能满足人们对海量数据、高效查询的需求,一些国产数据库的崛起,可以解决高速科技发展的数据库瓶颈问题,下面介绍一下目前最流行的五款国产数据库。

1. TiDB

1)简介

TiDB 是由 PingCAP 公司研发设计的开源分布式 HTAP(hybrid transactional and analytical processing)数据库,它结合了传统的关系型和非关系型数据库的最佳特性。TiDB 兼容 MySQL,支持无限的水平扩展,具备强一致性和高可用性等特性。

2)优点

- 高度兼容 MySQL:TiDB 可以轻松地从 MySQL 数据库迁移至 TiDB 数据库。
- 水平弹性扩展:通过简单地增加新节点就可以实现 TiDB 的水平弹性扩展,按需增加减少节点的方式可以节约成本。
- 分布式事务:TiDB 完全支持标准的 ACID 事务。
- 金融级别高可用性:TiDB 基于 Raft 的多数派选举协议可以提供金融级别的100% 数据

强一致性保证,减少运维成本。
- 云原生 SQL 数据库:TiDB 可以同 Kubernetes 容器化技术深度耦合,支持公有云、私有云和混合云,安装部署、配置学习成本低、简单。
- 一站式 HTAP 解决方案:TiDB 作为典型的 OLTP 行存数据库,同时兼具强大的 OLAP 性能,配合 TiSpark,可提供一站式 HTAP 解决方案,一份存储同时处理 OLTP & OLAP,无须传统繁琐的 ETL 过程。

3)缺点
- TiDB 作为分布式数据库,对数据存储节点硬件要求比较高,SSD 的硬盘必备。
- TiDB 不支持存储过程、分区和 GBK,数据写入时 TiDB 压力比较大。
- TiDB 分布式部署对网络要求非常高。

4)适用场景
- 原业务的 MySQL 的业务遇到单机容量或者性能瓶颈。
- 大数据量下,MySQL 复杂查询很慢。
- 大量数据下数据增长很快,接近单机处理的极限,不想分库分表或者使用数据库中间件等对业务侵入性较大,对业务有约束的 Sharding 方案。
- 大数据量下,有高并发实时写入、实时查询、实时统计分析的需求。
- 有分布式事务、多数据中心的 100% 数据强一致性、auto-failover 的高可用性的需求。

2. openGauss

1)简介

openGauss 是一款企业级开源关系型数据库,内核基于 PostgreSQL,深度融合华为在数据库领域多年的研发经验,结合企业级场景需求,持续构建竞争力特性。

2)优点
- 高性能:openGauss 提供了面向多核架构的并发控制技术,结合鲲鹏硬件优化,针对当前硬件多核 NUMA 的架构趋势,在内核关键结构上采用了 Numa-Aware 的数据结构;提供了 Sql-bypass 智能快速引擎技术,针对频繁更新的业务场景,提供了 Ustore 存储引擎。
- 服务高可用性:openGauss 支持主备同步、异步、级联备机多种部署模式、数据页 CRC 校验,损坏数据页通过备机自动修复、备机支持并行恢复,10 s 内可自主提供服务、提供基于 Paxos 分布式一致性协议的日志复制及选主框架。
- 高安全性:openGauss 支持全密态计算、访问控制、加密认证、数据库审计、动态数据脱敏等安全特性。
- 运维成本低:openGauss 基于 AI 的智能参数调优和索引推荐,支持慢 SQL 诊断和多维度监控视图。
- 开放性高:openGauss 采用木兰宽松许可证协议(中国首个开源协议),允许对代码自由调整,并提供伙伴认证、培训体系和培训课程。

3)缺点

openGauss 的一些插件未能正常编译使用,且编译比较复杂,需要很多依赖且版本偏固定,跨平台地编译难度较大。

4）适用场景

• 大规模交易型应用：openGauss 适合大并发、大数据量、以联机事务处理为主的交易型应用。例如，电商、金融、O2O、电信 CRM/计费等类型的应用。

• 物联网数据存储：openGauss 适合传感监控设备多、采样率高、数据存储为追加模型，操作和分析并重的场景。例如，制造业监控、智慧城市的延展、智能家居、车联网等物联网场景。

3. OceanBase

1）简介

OceanBase 是蚂蚁集团完全自主研发的原生分布式关系型数据库软件，深耕金融行业，在国内支持几十家银行、保险公司等金融客户的核心系统中稳定运行。它具备金融级别高可用性、HTAP 混合负载、超大规模集群水平扩展及主流商业和开源数据库兼容的多个产品优势，在交易支付、会员系统和批处理系统中使用体验良好，极大地节省了成本，解决了传统数据库的性能瓶颈。

2）优点

• 高性能：OceanBase 采用了读写分离的架构，把数据分为基线数据和增量数据。其中增量数据放在内存里（MemTable），基线数据放在 SSD 盘里（SSTable）。对数据的修改都是增量数据，只操作内存。

• 低成本：OceanBase 通过数据编码压缩技术实现高压缩，可以使用低端 SSD 存储，从而降低成本。

• 高可用性：数据存储采用多副本存储机制，少数副本故障不影响数据高可用性。

• 强一致性：数据多副本通过 Paxos 协议同步事务日志，多数派成功事务才能提交。默认情况下读写操作都在主副本进行，从而保证强一致性。

• 可扩展：OceanBase 集群节点全对等，每个节点都具备计算和存储能力，无单点瓶颈，支持在线扩展和收缩。

• 兼容性：OceanBase 兼容常用 MySQL/Oracle 功能及 MySQL/Oracle 前后台协议，业务修改极少量的代码就可以从 MySQL/Oracle 迁移至 OceanBase。

3）缺点

OceanBase 对 Oracle 兼容还不够完美，只是兼容了标准 SQL 和一些常用函数（包括窗口函数）；服务器配置较高，服务器内存 32 GB 以上才能搭建集群；硬件成本还是比较高的。

4）适用场景

OceanBase 至今已成功应用于支付宝全部核心业务，也是各大银行首选的分布式关系型数据库。

4. GaussDB

1）简介

GaussDB 是华为自研的数据库品牌，是华为基于外部电信与金融政企经验、华为内部流程 IT 与云底座深耕 10 年以上的数据库内核研发优化能力，从客户对高可用性、高性能、安全可靠等诉求出发，结合云的技术倾力打造的企业级分布式关系型数据库。GaussDB 是一个产品系列，在整体架构设计上，底层是分布式存储，中间是每个 DB 特有的数据结构，最外层则是各个生态的接口，体现了多模的设计理念。具体产品包括：基于 openGauss 生态的分布式关系型数据库 GaussDB(for openGauss)、基于 MySQL 生态的分布式关系型数据库 GaussDB(for MySQL),100% 兼容 MySQL。

2)优点

- 良好生态系统:华为云为保护客户投资打造了自有生态,避免了从一个封闭体系走向另一个封闭体系。
- 存算分离:GaussDB 保证了存储的稳定性和数据的安全性,同时通过重删、压缩、跨 AZ(availablity zone)等特性实现快速备份恢复,降低了可能造成的成本。
- 高安全性:GaussDB 支持访问控制、加密认证、数据库审计、动态数据脱敏、全密态等功能。
- 全栈协同:通过鲲鹏生态,GaussDB 是当前国内唯一能够做到全栈自主可控的国产品牌。

3)适用场景

GaussDB 是金融、电信、政府等行业的核心系统。

5. 达梦数据库

1)简介

达梦数据库是达梦公司推出的具有完全自主知识产权的高性能数据库管理系统,简称 DM。达梦数据库的最新版本是 8.0 版本,简称 DM8。

2)优点

- 信创性好:达梦数据库对国产服务器和操作系统的兼容性好;达梦数据库针对国产 CPU、国产服务器、国产操作系统做了专门的适配;达梦数据库对中文的支持也非常好。
- 运维成本低:达梦数据库安装相对要简单,针对国人习惯进行了优化,学习成本和运维工作量较低。
- 操作简单:达梦数据库 GUI 界面做得非常简洁,大部分工作都可以通过鼠标在图形化界面上完成,同时还能生成命令预览。
- 强大的数据迁移工具:达梦数据库提供了几乎所有数据库的迁移工具。
- 跨平台:DM8 实现了平台无关性,支持 Windows 系列、Linux(2.4 及 2.4 以上内核)、UNIX、Kylin、AIX、Solaris 等主流操作系统。

3)适用场景

达梦数据库在公安、政务、信用、司法、审计、住建、国土、应急等领域应用非常广泛。

项目实践

1. 实践任务

(1)安装、配置和使用 MySQL。

(2)正确设置 MySQL 数据库字符集。

2. 实践目的

(1)能正确安装 MySQL 数据库服务器。

(2)能正确配置 MySQL 数据库服务器。

(3)能使用操作系统命令正确启动或关闭 MySQL 服务。
(4)能使用 Windows 服务启动或关闭 MySQL 服务。
(5)能使用命令行工具操作 MySQL 服务器。
(6)能使用 Navicat 操作 MySQL 服务器。
(7)能正确设置 MySQL 指定层级的字符集。

3. 实践内容

(1)下载 MySQL5.5 安装包,在 Windows 平台下安装 MySQL5.5。
(2)利用配置向导完成 MySQL 服务器配置。
(3)使用 net 命令启动和关闭 MySQL 服务器。
(4)打开 Windows 服务组件,将 MySQL 服务器改为自动启动。
(5)分别使用命令行和 Navicat 登录和退出 MySQL 服务器。
(6)使用"SHOW STATUS;"命令查看 MySQL 服务器的状态信息。
(7)使用"SHOW DATABASES;"命令查看 MySQL 服务器下的默认数据库。
(8)使用"USE mysql"命令切换"mysql"为当前数据库。
(9)修改"my.ini"文件,将服务器端和客户端的字符集均设置为"gb2312"。

思考与探索

一、单选题

1. 数据库系统的核心是( )。
   A. 数据   B. 数据库
   C. 数据库管理系统   D. 数据库管理员

2. 用二维表表示的数据库称为( )。
   A. 面向对象数据库   B. 层次数据库
   C. 网状数据库   D. 关系型数据库

3. 用二维表表示实体与实体间联系的数据模型称为( )。
   A. 面向对象模型   B. 层次模型
   C. 关系模型   D. 网状模型

4. DBMS 的中文含义是( )。
   A. 数据库   B. 数据库模型
   C. 数据库系统   D. 数据库管理系统

5. SQL 具有( )功能。
   A. 数据定义、数据操纵、数据管理   B. 数据定义、数据操纵、数据控制
   C. 数据规范化、数据定义、数据操纵   D. 数据规范化、数据操纵、数据控制

6. 负责数据库中查询操作的数据库语言是( )。
   A. 数据定义语言   B. 数据管理语言
   C. 数据操纵语言   D. 数据控制语言

7. 以下关于 MySQL 的说法错误的是(　　)。
　　A. MySQL 是一种关系型数据库管理系统
　　B. MySQL 是一种开源软件
　　C. MySQL 完全支持标准的 SQL 语句
　　D. MySQL 服务器工作在客户端/服务器模式下
8. MySQL 系统的默认配置文件是(　　)。
　　A. my.ini　　　　　　　　　　　B. my-larger.ini
　　C. my-huge.ini　　　　　　　　 D. my-small.ini

二、简述题

1. 简述数据库、数据库管理系统、数据库系统的定义及它们之间的关系。
2. 简述修改 MySQL 配置文件的方法。

项目 2

设计"学生信息"数据库

任务情境

"学生信息"数据库通过使用计算机对学生的相关信息进行记录和管理,其中包括学生的基本信息(如学号、姓名、性别、出生日期等)、学生的成绩信息(如选修的课程、成绩等)、学生开设课程信息(如课程号、课程名、开课学期、学时、学分等),系统要能对这些信息进行增加、修改、删除、查询等操作。那么,该如何分析和设计系统所使用的数据库以使得系统实现以上的相应功能的同时,还对数量众多、关系复杂的数据进行管理呢?

学习目标

(1)通过本项目的学习,学生能够了解"学生信息"的系统需求;理解数据库设计的一般过程;学会根据系统需求抽象出实体与实体间的关系;能够运用E-R图分析数据库;能够将E-R图转换为关系模型;能够规范化数据库的数据。

(2)提高学生分析问题和解决问题的能力,培养学生认真、严谨的职业素养和求真务实的工作态度,锻造精益求精的工匠精神。

知识准备

问题2-1　数据库开发过程包括哪些阶段?

问题2-2　E-R图是做什么用的?

问题2-3　如何画E-R图?

问题2-4　如何将E-R图转换为表格?

问题2-5　如何对表进行规范化?

问题2-6　三大范式分别指的是什么?

任务1 分析数据,绘制 E-R 图

任务分析

在"学生信息管理系统"中涉及学生的个人信息、课程设置信息和学生成绩等相关数据,开发人员需要先对上述数据进行收集,分析每种数据的特征、数据之间存在的关系及定义的规则。根据收集到的数据,确定实体、实体的属性及实体与实体之间的关系,画出实体联系图,开发人员即可通过实体联系图与用户进行良好的沟通,并指导后续开发工作。

任务实施

通过分析,"学生信息管理系统"的业务逻辑包括学生管理、课程管理和学生成绩管理三部分。
- 学生管理:包括学生的学号、姓名、性别、出生日期、民族和系名等信息。
- 课程管理:包括课程编号、课程名称、开课学期、学时和学分等信息。
- 学生成绩管理:包括能标识学生的学号、能标识课程的课程编号和成绩三部分信息。

根据上述业务逻辑,分析建立概念模型。

1. 识别实体

通过对系统的业务分析可以得到"学生信息管理系统"中主要涉及的实体,分别是学生和课程。"学生信息管理系统"中抽象的实体如图 2-1 所示。

图 2-1 "学生信息管理系统"中抽象的实体

2. 标识实体的属性

标识实体的属性也就是明确需要对实体的哪些数据进行保存。

(1)学生实体属性可以有学号、姓名、性别、出生日期等,如图 2-2 所示。

(2)课程实体的属性可以有课程编号、课程名称、开课学期、学时、学分等,如图 2-3 所示。

图 2-2 学生实体的属性　　　　图 2-3 课程实体的属性

3. 标识实体间的关系

学生和课程之间是选修的关系,一般来说,实体间的关系是由动词来表示的。在现实生活中,一个学生可以选修多门课程,一门课程也可以被多个学生选修,所以学生和课程之间是多对多的关系,全局 E-R 图如图 2-4 所示。

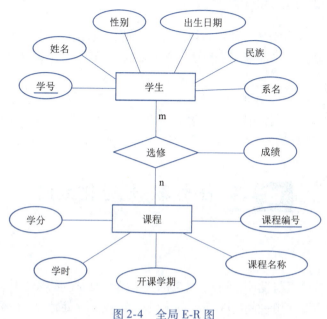

图 2-4 全局 E-R 图

注意：关系和实体一样也可以具有描述性的属性，如学生选修课程后会产生成绩，那么这个成绩就可以看作是选修的属性。

4. 确定主关键字

每一个实体必须有一个属性用来唯一地标识该实体，这个属性称为主键。例如，学生实体中的"学号"属性，它能唯一地标识每一个学生，所以可以将"学号"作为主键。课程中的"课程编号"也可以唯一标识每一门课，所以"课程编号"也可以作为主键。图 2-4 中加下画线的属性表示的是该实体的主键。

注意：在实际应用中会为每一个实体或关系单独设置一个编号列，用于唯一地标识每一条记录，而不使用对象的具体属性作为主键。

任务 2　将 E-R 图转换为关系模型

任务分析

根据分析，对"学生信息管理系统"有了初步的认识，绘制了"学生信息管理系统"的概念模型，即 E-R 图，提取了在系统开发过程中需要保存的数据及数据之间的关系。这些数据保存在计算机中，才能支撑"学生信息管理系统"的运行，那么该如何将这些数据和关系保存在计算机中呢？需要将得到的 E-R 图转换为关系模型，在数据库中表现为表结构。

任务实施

根据分析，得到了"学生信息管理系统"的 E-R 图，下面将 E-R 图转换为对应的关系模型,即设计关系表。

根据图2-4可知,学生实体与课程实体是多对多的关系,实体"学生"转化为学生表,实体"课程"转化为课程表,关系"选修"转化为成绩表。因此,该系统可以转化为三个关系表,分别如下。

- 学生表(学号、姓名、性别、出生日期、民族、系编号、系名等),学号为主键。
- 课程表(课程编号、课程名称、开课学期、学时、学分等),课程编号为主键。
- 成绩表(学号、课程编号、成绩等),学号和课程编号联合起来作主键。

任务3 规范化数据

任务分析

通过对数据库的分析与设计,得到了有关的关系模型及对应的表结构。如何评判关系模型设计的好坏呢?需要使用一些规则,将关系模型进行规范化处理,尽量减少数据冗余,消除对表做插入、删除操作时产生的异常,保持数据的一致性。这些规则称为范式,而关系模型的规范化主要通过范式来实现。

任务实施

在"学生信息"数据库中,分别对得到的三个关系表进行验证,检验它们是否符合三大范式。

1. 确定关系满足1NF

在三个关系表中,每个字段都是单一属性,不可再分,所以满足1NF。

2. 确定关系满足2NF

在学生表中,每个字段都完全依赖于主键"学号"列,所以满足2NF;

在课程表中,每个字段都完全依赖于主键"课程编号"列,所以满足2NF;

在成绩表中,成绩字段完全依赖于联合主键"学号""课程编号"列,所以满足2NF。

3. 确定关系满足3NF

学生表中的"系名"依赖于"系编号",而这里"系编号"又依赖于"学号",所以存在传递依赖,不满足3NF,则将学生表进行如下拆分。

- 学生表(学号、姓名、性别、出生日期、民族、系编号),学号为主键。
- 系部表(系编号、系名),系编号为主键。

知识储备

一、数据库设计过程

一般来说,数据库的设计过程都要经过需求分析、概念设计、逻辑设计和物理设计四个阶段。

1. 需求分析阶段

需求分析是整个数据库设计过程中的第一步,也是最关键的一步。需求分析阶段的任务是:对现实世界要处理的对象进行详细的调查,从数据库的所有用户那里收集对数据库的需求和对数据处理的需求,把这些需求写成用户和设计人员都能接受的说明书,并将说明书反馈给用户。反馈时,设计者与用户一起检查那些没有如实反映现实世界的错误或遗漏,并反复修改,直至取得用户的认可。

2. 概念设计阶段

将需求分析阶段得到的用户需求抽象为概念模型的过程就是数据库设计过程中的概念设计阶段,它的主要目的是分析数据之间的内在关联,并在此基础上建立数据的抽象模型。

概念设计阶段的描述工具是 E-R 图。首先根据单个应用的需求,画出能反映每一个应用需求的局部 E-R 图,然后把这些 E-R 图合并起来,消除冗余和可能存在的矛盾,得到系统总体的 E-R 图。

3. 逻辑设计阶段

数据库的逻辑设计的任务是将概念模型转换成用户在数据库中所能看到逻辑数据模型,在关系型数据库中逻辑数据模型就是二维表格的形式。逻辑设计阶段就是将 E-R 图转换为多张表,进行逻辑设计,并应用数据库设计的三大范式进行审核。

4. 物理设计阶段

数据库的物理设计是将逻辑数据模型在具体的物理存储介质上实现出来,它与具体的 DBMS 相关,也与操作系统和硬件相关,是物理层次上的模型,每种逻辑数据模型在实现时都有其对应的物理数据模型。

二、概念模型

把现实世界抽象为信息世界,实际上是抽象出现实世界中有应用价值的元素及其联系,这时所形成的信息结构就是概念模型。

目前描述概念模型最常用的方法是实体-关系(entity-relationship,E-R)方法。这种方法简单、实用,它所使用的工具称为 E-R 图。E-R 图包括实体、属性和关系三种元素。实体用矩形表示,属性用椭圆形表示,关系用菱形表示。E-R 图的基本符号表示如图 2-5 所示。

图 2-5　E-R 图的基本符号表示

1. 实体

一类数据对象的集合形成一个实体集,如学生、图书、课程等。

2. 属性

每个实体集涉及的信息项称为属性,如学生的属性包括学号、姓名等。

3. 关系

关系表示各个实体之间存在的关系，如学生和课程之间是"选课"的关系。实体之间的联系可以归纳为三种类型。

- 一对一关系(1:1)，对于实体集 A 中的每个实体，如果实体集 B 中至多只有一个实体与之联系，反过来也是如此，则称实体集 A 和实体集 B 具有一对一的关系，如图 2-6 所示。

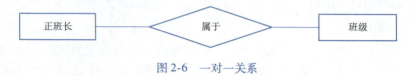

图 2-6　一对一关系

- 一对多关系(1:n)，对于实体集 A 中的每个实体，实体集 B 中有多个实体与之联系，反过来，对于实体集 B 中的每个实体，实体集 A 中至多只有一个实体与之联系，则称实体集 A 和实体集 B 具有一对多的关系，如图 2-7 所示。

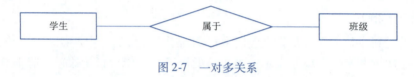

图 2-7　一对多关系

- 多对多关系(m:n)，对于实体集 A 中的每个实体，实体集 B 中有多个实体与之联系，反过来，对于实体集 B 中的每个实体，实体集 A 中也有多个实体与之联系，则称实体集 A 和实体集 B 具有多对多的关系，如图 2-8 所示。

图 2-8　多对多关系

三、逻辑结构设计

E-R 图的建立仅完成了系统实体和实体关系的抽象。在关系型数据库的设计过程中，为了创建用户所需的数据库，还需要将实体和实体关系转换成对应的关系模型，也就是建立系统的逻辑数据模型。

逻辑数据模型是用户在数据库中所看到的数据模型，它由概念模型转换得到，转换原则如下。

1. 实体转换原则

将 E-R 图中的每一个实体要转换为一张二维表，实体的属性要转换为表中的列。实体中的关键字转换为表的关键字。

2. 关系转换原则

由于实体间存在一对一、一对多和多对多的关系，因此实体间关系在转换成逻辑数据模型时，不同的关系做不同的处理。

- 若是一个 1∶1 的关系,则可以在联系两端的任意一端的表中加入另一端表的关键字。
- 若是一个 1∶n 的关系,则要在 n 端对应的表中加入 1 端对应的表的关键字。
- 若是一个 $n∶m$ 的关系,这种类型的关系则要单独转换为一个独立的表。在这个独立的表中,除了该关系自带的属性要作为表中的列,与该关系相连的各个表中的关键字也要作为该表中的列。

四、关系模型的规范化

数据库设计的逻辑结果不是唯一的。为了提高数据库系统的性能,在逻辑设计阶段应根据应用需求调整和优化数据模型。关系模型规范化的目的是消除存储异常,减少数据的冗余。根据规范化的程度不同而产生不同的范式,目前关系型数据库有六种不同级别的范式,分别为第一范式(1NF)、第二范式(2NF)、第三范式(3NF)、BC 范式(BCNF)、第四范式(4NF)和第五范式(5NF)。一般规范到第三范式即可。

1. 第一范式

第一范式是指表中的每一列都是不可再分割的。因为表 2-1 中的授课情况还可以再细分为"开课学期""学时""学分"三列,所以表 2-1 不满足第一范式,将该表转换为表 2-2 才满足第一范式。第一范式是对关系模型的最低要求,不满足第一范式的数据库就不是关系型数据库。

第一范式存在数据冗余、数据不一致和维护困难等缺点,所以要对第一范式进一步规范。

表 2-1 不符合 1NF 的课程信息表

课程编号	课程名称	授课情况		
		开课学期	学时	学分
104	计算机文化基础	1	60	4
106	Java 程序设计	1	90	6
202	SQL Server 数据库	2	60	4

表 2-2 符合 1NF 的课程信息表

课程编号	课程名称	开课学期	学时	学分
104	计算机文化基础	1	60	4
106	Java 程序设计	1	90	6
202	SQL Server 数据库	2	60	4

2. 第二范式

第二范式首先必须满足第一范式,而且关系中除了主键以外的其他列,都要完全依赖于该主键。

表 2-3 的主键为"学号""课程编号",在该表中"成绩"列完全依赖于主键,"姓名"列只依赖于主键中的"学号"列,它与主键中的"课程编号"列无关,即"姓名"部分依赖于主键,所以表 2-3 不满足第二范式。

表 2-3　不符合 2NF 的学生成绩表

学号	姓名	课程编号	成绩
201701	王红	104	81
201701	王红	106	77
201702	刘全	104	89

规范时只需要将"学号"和"姓名"列分离出来组成一个关系。由于分离出的"学号"和"姓名"在学生表中已存在,因此可省略该关系。剩余的其他属性,即"成绩"加上主键"学号""课程编号"构成关系,见表 2-4,它符合第二范式的条件,所以属于第二范式。

表 2-4　符合 2NF 的学生成绩表

学号	课程编号	成绩
201701	104	81
201701	106	77
201702	104	89

第二范式的关系模型依然存在数据冗余、数据不一致的问题,需要进一步将其规范。

3. 第三范式

第三范式首先要属于第二范式,且除了主键以外的其他列都不传递依赖于主键列。

在表 2-5 中,主键为"学号","系编号"和"系名"之间存在通过"系编号"进行传递依赖的关系。要清除这种传递依赖关系,可将"系编号"列和"系名"列分离出来并组成一个关系。删除重复行后构成表 2-6 的系部表,该表的主键为"系编号",它属于第三范式。在表 2-5 中删除"系名"列后,剩余的那些列组成如 2-7 的学生信息表,它属于第三范式。第三范式的表数据基本独立,表和表之间通过公共关键字进行联系(表 2-6 和表 2-7 的公共关键字为"系编号"),它从根本上消除了数据冗余、数据不一致的问题。

表 2-5　不符合 3NF 的学生信息表

学号	姓名	性别	系编号	系名	出生日期	民族	总学分	备注
201701	王红	女	01	信息	1999-02-04	汉	60	NULL
201702	刘全	男	01	信息	1999-10-23	汉	54	NULL
201703	李一	男	01	信息	1998-04-07	汉	50	NULL

表 2-6　系部表

系编号	系名
01	信息
02	经管
03	制药

表 2-7　学生信息表

学号	姓名	性别	系编号	出生日期	民族	总学分	备注
201701	王红	女	01	1999-02-04	汉	60	NULL
201702	刘全	男	01	1999-10-23	汉	54	NULL
201703	李一	男	01	1998-04-07	汉	50	NULL

范式具有避免数据冗余、减少数据库占用的空间、减轻维护数据完整性等优点。但是随着范式级别的升高,其操作难度也会越来越大,同时性能也会随之降低。因此,在实际开发中,以满足客户的需求为主,有时会拿冗余换取执行速度。

任务评价表

技能目标	绘制 E-R 图;将 E-R 图转换为关系模型;关系模型的规范化			
综合素养	需求分析能力	E-R 图规范能力	排查错误能力	团队协作能力
自我评价				

使用 MySQL 图形化管理工具 Navicat 实现 E-R 图

E-R 图可以通过 MySQL 图形化管理工具生成,本书使用的工具是 Navicat。具体操作步骤如下。

(1)打开 Navicat,单击"模型"按钮,如图 2-9 所示。

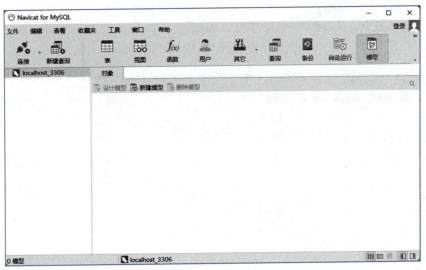

图 2-9 模型界面

(2)在图 2-9 中单击"新建模型",弹出"新建模型"对话框,如图 2-10 所示。在"新建模型"对话框中保留目标数据为 MySQL,版本为本机 MySQL 版本,然后单击"确定"按钮,即可进入模型设计界面,如图 2-11 所示。

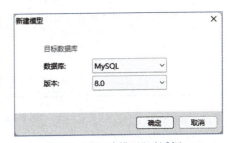

图 2-10 "新建模型"对话框

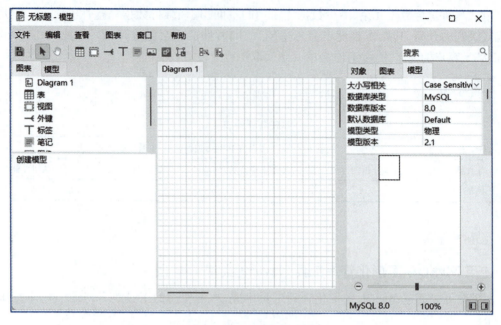

图 2-11 模型设计界面

（3）为了便于生成数据表，可以单击"文件"→"从数据库导入"命令，将已有 student 数据库内容导入到模型中。从 student 数据库导入表如图 2-12、图 2-13 所示。也可以在新建的模型设计界面上右击，在弹出的快捷菜单中选择"新建"→"表"命令，并逐一设计数据表。

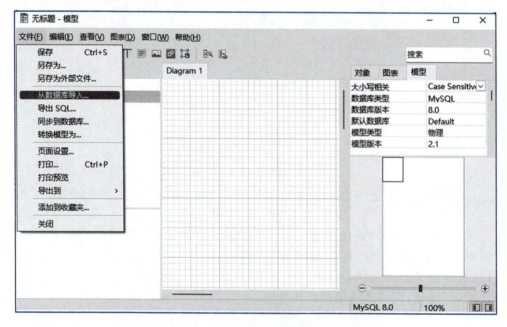

图 2-12 从 student 数据库导入表

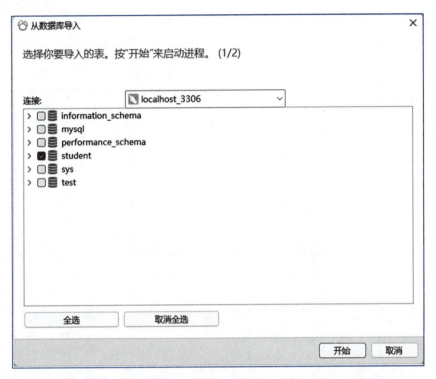

图 2-13　从 student 数据库导入表

（4）导入 student 数据库的三个表后，可以看到每个表的结构，导入表后的状态如图 2-14 所示。但是表之间的关联关系还没有创建。

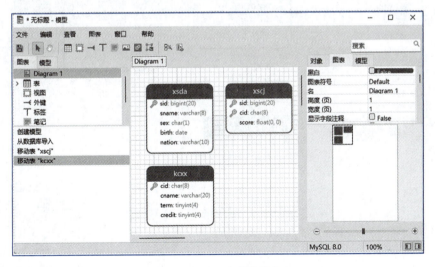

图 2-14　导入表后的状态

（5）在 xscj 表上双击进入数据表设计界面，切换到"外键"选项卡。在"名"处输入外键名称（如 fk_xscj_cid，意思是在 xscj 表 cid 字段上创建的外键），"字段"处选 cid，"被引用的模式"处保留 student，"被引用的表（父）"处选 kcxx，"被引用的字段"处选 cid，"删除时"和"更新时"处保留空白。建立 xscj 表和 kcxx 表之间的关系如图 2-15 所示。继续单击"添加外键",在新一行中继续设计与 xsda 表的关系。最后单击"确定"按钮返回,在模型设计界面显示出三个表之间的关系,如图 2-16 所示。

图 2-15　建立 xscj 表和 kcxx 表之间的关系

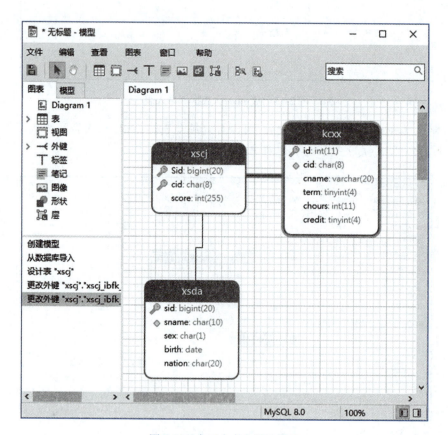

图 2-16　在三个表之间的关系

(6) 在 xsda 表和 xscj 表之间的关系上右击,在弹出的快捷菜单中选择"基数在"xscj"→"零或多个"命令、"基数在 xsda"→"唯一"命令。这样便可建立 xsda 表和 xscj 表之间的一对多关系。选择关系的类型如图 2-17 所示。

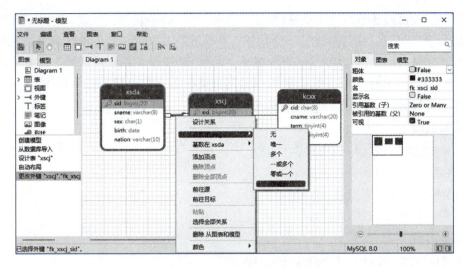

图 2-17　选择关系的类型

(7)继续建立 xscj 表与 kcxx 表之间的一对多关系,得到图 2-18 所示的 E-R 图。此 E-R 图的表示与文中 E-R 图的表示不同,它是 E-R 图的另一种表现形式。

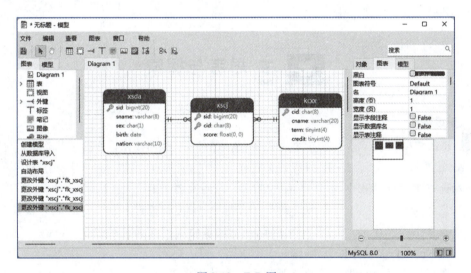

图 2-18　E-R 图

(8)通过选择"文件"→"保存"命令,将模型保存为"student_model"。保存的文件在 C:\Navicat\MySQL\profiles 文件夹内。

(9)可以在 Navicat 主界面上通过双击 student_model 模型,重新打开该 E-R 图。

项目实践

1. 实践任务

网上商城为了实现商品数据的信息化,因此通过该系统使用计算机对商城购物的各项信息进行记录和管理,其中包括:商品信息(如商品编号、商品名称、商品型号、商品类型、商品价格、库存数量、商品描述等);用户信息(如用户编号、用户姓名、密码、性别、出生日期、电话号码、地址等);订单信息(如订单编号、订购用户、下单时间、订单状态、订单总价等),系统要能够对这些信息进行增加、修改、删除、查询操作。此外,顾客登录系统后能够修改本人注册信息,在线查看商品,在网络下订单,能够按照日期查询顾客在本商城的订单等;管理员要能够对商品数据进行分类,对用户订单进行管理等。

2. 实践目的

(1)了解数据库设计与开发的基本步骤。
(2)掌握使用E-R图分析数据库。
(3)掌握使用关系模型设计数据库。
(4)掌握使用范式规范数据库。

3. 实践内容

(1)请找出网上商城系统中的实体对象。
(2)请表示各个实体的属性。
(3)请绘制出网上商城购物系统的E-R图。
(4)请将E-R图转换成对应的关系模型。
(5)请实现数据的规范化。

一、单选题

1. E-R图提供了表示信息世界中的实体、属性和( )的方法。
   A. 数据　　　　　B. 模式　　　　　C. 关系　　　　　D. 表
2. 在数据库设计过程中,E-R图是进行( )的主要工具。
   A. 需求分析　　　B. 概念设计　　　C. 逻辑设计　　　D. 物理设计
3. 在关系型数据库中,能够唯一地标识一个记录的属性或属性的组合,称为( )。
   A. 主码　　　　　B. 属性　　　　　C. 关系　　　　　D. 域
4. 关系型数据库规范化的目的是解决关系型数据库中的( )。
   A. 插入、删除异常及数据冗余问题　　B. 查询速度低的问题
   C. 数据操作复杂的问题　　　　　　　D. 数据安全性和完整性保障的问题
5. 一个工作人员可以使用多台计算机,而一台计算机可被多个人使用,则实体工作人员与实体计算机之间的关系是( )。
   A. 一对一　　　　B. 一对多　　　　C. 多对一　　　　D. 多对多
6. 若一间宿舍可住多个学生,则实体宿舍和实体学生之间的关系是( )。
   A. 一对一　　　　B. 一对多　　　　C. 多对一　　　　D. 多对多
7. 第二范式是在第一范式的基础上消除了( )。
   A. 非主属性对主键的部分函数依赖　　B. 非主属性对主键的传递函数依赖

C. 非主属性对主键的完全函数依赖　　　　D. 多值依赖

8. 设计关系型数据库时，设计的关系模型至少要求满足(　　)。

　　A. 1NF　　　　　　B. 2NF　　　　　　C. 3NF　　　　　　D. BCNF

二、简述题

1. 简述数据库设计的基本步骤及每个阶段的主要任务是什么？
2. 什么是数据库的概念设计？其主要特点和设计策略是什么？
3. 简述 E-R 模型转换为关系模型的转换规则。

项目 3

创建和管理"学生信息"数据库

任务情境

"学生信息管理系统"的开发团队设计出了该系统数据库的关系模型,现在需要使用数据库管理系统软件 MySQL 创建"学生信息"数据库并对该数据库进行管理。

学习目标

(1)通过本项目的学习,学生能够了解数据库及数据库对象的概念;了解数据库的字符集及校对规则;掌握创建和管理数据库的 SQL 语法;学会创建和维护数据库。

(2)培养学生认真、严谨的职业素养,提高学生遇到问题主动思考、代码编写规范的学习态度,从而提高学生分析问题和解决问题的能力,锻造精益求精的工匠精神。

知识准备

问题 3-1　数据库是怎样存储数据的?

问题 3-2　如何创建数据库?

问题 3-3　什么是字符集?如何选择合适的字符集?

问题 3-4　如何查看数据库?

问题 3-5　如何修改数据库?

问题 3-6　如何删除数据库?

任务 1　创建数据库

任务分析

数据库是存储数据的仓库,要存储数据就要先创建数据库,进而对数据做后续的各种处理。

任务实施

为了存储学生的信息,首先需要创建一个"学生信息"数据库,具体操作步骤如下。

(1)查看当前服务器下的所有数据库。

```
SHOW DATABASES;
```

(2)创建名为"student"的数据库,默认字符集设置为"gb2312",排序规则设置为"gb2312_chinese_ci"。

```
CREATE DATABASE student CHARACTER SET gb2312 COLLATE gb2312_chinese_ci;
```

任务 2　管理数据库

任务分析

管理数据库包括查看、修改和删除数据库。

任务实施

管理"学生信息"数据库的具体步骤如下。

(1)查看数据库 student 的信息。

```
SHOW CREATE DATABASE student;
```

(2)修改数据库 student 的默认字符集为"utf8"和校对规则为"utf8_bin"。

```
ALTER DATABASE student CHARACTER SET utf8 COLLATE utf8_bin;
```

知识储备

一、MySQL 数据库的组成

数据库可以看成是一个存储数据对象的容器,数据对象包括数据表、视图、存储过程等。

MySQL 数据库包括用户数据库和系统数据库。用户数据库是用户创建的数据库,为用户特定的应用系统提供数据服务;系统数据库是由 MySQL 安装程序自动创建的数据库,用于存放和管理用户权限和其他数据库的信息,包括数据库名、数据库中的对象及访问权限等信息。

在 MySQL 中共有 4 个可见的系统数据库,MySQL 中系统数据库的具体说明见表 3-1。

表 3-1　MySQL 中系统数据库的具体说明

数据库名	说　明
mysql	MySQL 的核心数据库,主要负责存储数据库的用户、权限设置、关键字等 MySQL 自己需要使用的控制和管理信息。这些信息不可以删除,用户也不要轻易修改这个数据库中的信息
information_schema	用于保存 MySQL 服务器所维护的所有数据库的信息,包括数据库名、数据表、列的数据类型与访问权限等。此数据库中的表均为视图,因此在用户或安装目录下没有对应数据文件
performance_schema	用于收集数据库服务器的性能参数。此数据库中所有表的存储引擎为 performance_schema,而用户不能创建存储引擎为 performance_schema 的表
test	用于测试的数据库

注意：不要随意删除和更改系统数据库中的数据内容，否则会使 MySQL 服务器不能运行。

二、字符集和校对规则

字符集是一套符号和编码的规则。MySQL 的字符集包括字符集（character）和校对规则（collation）两个概念。其中字符集定义了 MySQL 存储字符串的方式，校对规则定义了 MySQL 比较字符串的方式。MySQL 支持几乎所有常见的字符集，每个字符集至少对应一个校对规则。

【例 3.1】查看 MySQL 支持的字符集。

在命令行中输入"SHOW CHARACTER SET"命令即可查看 MySQL 支持的字符集和对应的校对规则，执行结果如图 3-1 所示。其中，第一列表示字符集；第二列表示字符集的描述信息；第三列表示默认排序规则；第四列表示字符集的一个字符占用的最大字节数。

每一行都显示了一个 MySQL 支持的字符集，可以看到 MySQL 支持 gb2312、gbk18030 等简体中文字符集，还支持 big5 这样的繁体中文字符集，以及 swe7、hp8 等欧洲语系的字符集，以及更为通用的 utf8 字符集。

```
mysql> show character set;
+----------+-----------------------------+---------------------+--------+
| Charset  | Description                 | Default collation   | Maxlen |
+----------+-----------------------------+---------------------+--------+
| big5     | Big5 Traditional Chinese    | big5_chinese_ci     |      2 |
| dec8     | DEC West European           | dec8_swedish_ci     |      1 |
| cp850    | DOS West European           | cp850_general_ci    |      1 |
| hp8      | HP West European            | hp8_english_ci      |      1 |
| koi8r    | KOI8-R Relcom Russian       | koi8r_general_ci    |      1 |
| latin1   | cp1252 West European        | latin1_swedish_ci   |      1 |
| latin2   | ISO 8859-2 Central European | latin2_general_ci   |      1 |
| swe7     | 7bit Swedish                | swe7_swedish_ci     |      1 |
| ascii    | US ASCII                    | ascii_general_ci    |      1 |
| ujis     | EUC-JP Japanese             | ujis_japanese_ci    |      3 |
| sjis     | Shift-JIS Japanese          | sjis_japanese_ci    |      2 |
| hebrew   | ISO 8859-8 Hebrew           | hebrew_general_ci   |      1 |
| tis620   | TIS620 Thai                 | tis620_thai_ci      |      1 |
| euckr    | EUC-KR Korean               | euckr_korean_ci     |      2 |
| koi8u    | KOI8-U Ukrainian            | koi8u_general_ci    |      1 |
| gb2312   | GB2312 Simplified Chinese   | gb2312_chinese_ci   |      2 |
| greek    | ISO 8859-7 Greek            | greek_general_ci    |      1 |
| cp1250   | Windows Central European    | cp1250_general_ci   |      1 |
| gbk      | GBK Simplified Chinese      | gbk_chinese_ci      |      2 |
| latin5   | ISO 8859-9 Turkish          | latin5_turkish_ci   |      1 |
| armscii8 | ARMSCII-8 Armenian          | armscii8_general_ci |      1 |
| utf8     | UTF-8 Unicode               | utf8_general_ci     |      3 |
| ucs2     | UCS-2 Unicode               | ucs2_general_ci     |      2 |
| cp866    | DOS Russian                 | cp866_general_ci    |      1 |
| keybcs2  | DOS Kamenicky Czech-Slovak  | keybcs2_general_ci  |      1 |
| macce    | Mac Central European        | macce_general_ci    |      1 |
| macroman | Mac West European           | macroman_general_ci |      1 |
| cp852    | DOS Central European        | cp852_general_ci    |      1 |
| latin7   | ISO 8859-13 Baltic          | latin7_general_ci   |      1 |
| utf8mb4  | UTF-8 Unicode               | utf8mb4_general_ci  |      4 |
| cp1251   | Windows Cyrillic            | cp1251_general_ci   |      1 |
| utf16    | UTF-16 Unicode              | utf16_general_ci    |      4 |
| cp1256   | Windows Arabic              | cp1256_general_ci   |      1 |
| cp1257   | Windows Baltic              | cp1257_general_ci   |      1 |
| utf32    | UTF-32 Unicode              | utf32_general_ci    |      4 |
| binary   | Binary pseudo charset       | binary              |      1 |
| geostd8  | GEOSTD8 Georgian            | geostd8_general_ci  |      1 |
| cp932    | SJIS for Windows Japanese   | cp932_japanese_ci   |      2 |
| eucjpms  | UJIS for Windows Japanese   | eucjpms_japanese_ci |      3 |
+----------+-----------------------------+---------------------+--------+
```

图 3-1　MySQL5.5 支持的字符集及默认校对规则

MySQL 支持的主要字符集如下。

(1) latin1:系统默认的字符集。它是一个8位的字符集。它把介于128~255的字符用于拉丁字母表中的特殊字符的编码,也因此而得名。在默认情况下,当向表中插入中文数据、查询包括中文字符的数据时,可能出现乱码。

(2) utf8:也称为通用转换格式,是针对Unicode字符的一种变长字符编码。它由Ken Thompos在1992年创建,用以解决国际上字符的一种多字节编码,对英文使用8位、中文使用24位来编码。utf8包含了全世界所有国家需要用到的字符,是一种国际编码,通用性强,在Internet应用中广泛使用。

(3) gb2312和gbk:gb2312是简体中文字符集,而gbk是对gb2312的扩展,是中国国家编码。gbk的文字编码采用双字节表示,即不论是中文字符还是英文字符都使用双字节。为了区分中英文字符,gbk在编码时将中文每个字节的最高位设为1。

MySQL 的校对规则是指对某一字符集中字符串之间的比较、排序制定的规则,MySQL 的校对规则具有以下特征。

(1) 两个不同的字符集不能有相同的校对规则。

(2) 每个字符集都有一个默认校对规则。

(3) 存在校对规则命名约定:以其相关的字符集名开始,中间一般包括一个语言名,并且,以_ci(大小写不敏感)、_cs(大小写敏感)或_bin(二进制,即比较是基于字符编码的值而与具体的语言无关)结束。

通常来说,每个字符集可以适用多种校对规则。例如,某系统数据库使用utf8字符集时,若使用UTF 8_bin校对规则,则执行SQL查询时区分大小写;若使用utf8_general_ci校对规则,则执行SQL查询时不区分大小写(默认的utf8字符集对应的校对规则是utf8_general_ci)。

【例3.2】 查看utf8相关字符集的校对规则。

在命令行中输入"show collation like'utf8%';"命令,即可查看uft8相关字符集的校对规则,执行结果如图3-2所示。

```
mysql> show collation like 'utf8%';
+--------------------+---------+-----+---------+----------+---------+
| Collation          | Charset | Id  | Default | Compiled | Sortlen |
+--------------------+---------+-----+---------+----------+---------+
| utf8_general_ci    | utf8    |  33 | Yes     | Yes      |       1 |
| utf8_bin           | utf8    |  83 |         | Yes      |       1 |
| utf8_unicode_ci    | utf8    | 192 |         | Yes      |       8 |
| utf8_icelandic_ci  | utf8    | 193 |         | Yes      |       8 |
| utf8_latvian_ci    | utf8    | 194 |         | Yes      |       8 |
| utf8_romanian_ci   | utf8    | 195 |         | Yes      |       8 |
| utf8_slovenian_ci  | utf8    | 196 |         | Yes      |       8 |
| utf8_polish_ci     | utf8    | 197 |         | Yes      |       8 |
| utf8_estonian_ci   | utf8    | 198 |         | Yes      |       8 |
| utf8_spanish_ci    | utf8    | 199 |         | Yes      |       8 |
| utf8_swedish_ci    | utf8    | 200 |         | Yes      |       8 |
```

图3-2 utf8 相关字符集的校对规则

其中,Collation 表示校对规则;Charset 表示字符集;Default 表示该校对规则是否为默认规则;Compiled 表示该校对规则所对应的字符集是否被编译到MySQL 数据库;Sortlen 表示内存排序时,该字符集的字符要占用多少个字节。

1. 查看默认字符集

MySQL 支持服务器（server）、数据库（database）、数据表（table）、字段（field）和连接层（connection）五个层级的字符集设置。在同一台服务器、同一个数据库、甚至同一个表的不同字段都可以指定使用不同的字符集，相比其他的关系型数据库管理系统，在同一个数据库只能使用相同的字符集，MySQL 明显存在更大的灵活性。

要实现各层级字符集的设置和管理，可以通过修改配置文件相关属性或设置相关系统变量来实现默认字符集的修改。

【例 3.3】 查看 MySQL 服务器默认使用的字符集。

在命令行中输入"show variables like'character%';"；命令即可查看各字符集变量的值,执行结果如图 3-3 所示。

```
mysql> show variables like 'character%';
+--------------------------+------------------------------------------------------------+
| Variable_name            | Value                                                      |
+--------------------------+------------------------------------------------------------+
| character_set_client     | utf8mb4                                                    |
| character_set_connection | utf8mb4                                                    |
| character_set_database   | utf8                                                       |
| character_set_filesystem | binary                                                     |
| character_set_results    | utf8mb4                                                    |
| character_set_server     | utf8                                                       |
| character_set_system     | utf8                                                       |
| character_sets_dir       | C:\Program Files (x86)\MySQL\MySQL Server 5.5\share\charsets\ |
+--------------------------+------------------------------------------------------------+
8 rows in set (0.05 sec)
```

图 3-3　查看字符集变量的值的执行结果

在以上的命令返回值列表中,出现了八个变量,具体如下。

（1）character_set_client 变量表示连接到 MySQL 数据库的客户端数据所使用的字符集。

（2）character_set_connection 变量表示连接层字符集。

（3）character_set_database 变量表示当前选择的数据库字符集。

（4）character_set_filesystem 变量表示文件系统字符集。

（5）character_set_results 变量表示查询结果字符集,就是在返回查询结果集或者错误信息到客户端时,使用的编码字符集。

（6）character_set_server 变量表示 MySQL 服务器级别（实例级别）的字符集。若创建数据库时,不指定字符集,就默认使用服务器的编码字符集。

（7）character_set_system 变量表示系统元数据（表名、字段名等）存储时使用的编码字符集,该字段和具体存储的数据无关,总是固定不变的 UTF8 字符集。

（8）character_sets_dir 变量表示字符集数据在 MySQL 数据库所在服务器上的安装路径。

2. 修改和设置字符集

MySQL 字符集和校对规则的不同级别的默认设置分别在不同的地方,作用也不相同。

服务器级的字符集和校对规则在 MySQL 服务启动的时候确定,由 MySQL 的配置文件指定。

数据库的字符集和校对规则在创建数据库的时候指定,也可以在修改数据库时进行修改。需要注意的是:如果数据库内已经存在数据,那么修改字符集并不能将已有的数据按照新的字符集进行存放。

数据库中表的字符集和校对规则在创建表的时候指定,也可以在修改表时进行修改。同样,如果表中已有记录,那么修改字符集对原有的记录并不能按照新的字符集进行存放,表的字段仍然使用原来的字符集。

MySQL 可以定义列级别的字符集和校对规则,主要针对相同的表不同字段需要使用不同的字符集的情况。列字符集和校对规则的定义可以在创建表时指定,也可以在修改表时指定。如果在创建表的时候没有特别指定字符集和校对规则,那么默认使用表的字符集和校对规则。

如果在应用开始阶段没有正确地设置字符集,在运行一段时间以后才发现不能满足要求,需要调整字符集,但又不想丢弃这段时间的数据,那么就需要先将数据备份,经过适当的调整重新还原后才可完成。

另外,MySQL 的 set 命令可以修改当前会话的字符集。

【例3.4】使用 set 命令修改当前会话的字符集。

```
mysql > set character_set_client = utf8;
mysql > set character_set_connection = utf8;
mysql > set character_set_database = utf8;
mysql > set character_set_results = utf8;
mysql > set character_set_server = utf8;
```

MySQL 字符集在给用户带来灵活度的同时,在各层级上选择怎样的字符集也困扰着用户。若在数据库创建阶段没有正确选择字符集,则有可能出现乱码问题。若在应用后期更换字符集,则付出的代价会更高,并存在一定的风险。因此建议在应用开始阶段,就选择好合适的字符集,具体如下。

(1)在建立数据库、数据表及进行数据库操作时尽量显式设定使用的字符集,而不是依赖于 MySQL 的默认设置,否则 MySQL 升级时可能带来很大困扰。

(2)建议在服务器级、结果级、客户端、连接级、数据库级、表级和字段级的字符集都统一为一种字符集,常设为 utf8。

三、MySQL 的存储引擎

存储引擎就是数据的存储技术。针对不同的处理需求,对数据采用不同的存储机制、索引技术、读写锁定水平等,在关系型数据库中数据是以表的形式进行存储的,因此存储引擎即为表的类型。

数据库的存储引擎决定了数据表在计算机中的存储方式,DBMS 使用数据存储引擎进行创建、查询和修改数据。MySQL 数据库提供了多种存储引擎,可以选择合适的存储引擎,获得额外的速度或功能,从而改善应用的整体性能。MySQL 的核心就是存储引擎。

注意:Oracle 和 SQL Server 等关系型数据库系统都只提供一种存储引擎,所以它们的数据存储管理机制都一样。

1. 查看 MySQL 支持的存储引擎

使用 SQL 语句"SHOW ENGINES"可以查询 MySQL 支持的存储引擎,如图3-4 所示。

```
mysql> SHOW ENGINES;
| Engine             | Support  | Comment                                                        | Transactions | XA   | Savepoints |
| FEDERATED          | NO       | Federated MySQL storage engine                                 | NULL         | NULL | NULL       |
| MRG_MYISAM         | YES      | Collection of identical MyISAM tables                          | NO           | NO   | NO         |
| MyISAM             | YES      | MyISAM storage engine                                          | NO           | NO   | NO         |
| BLACKHOLE          | YES      | /dev/null storage engine (anything you write to it disappears) | NO           | NO   | NO         |
| CSV                | YES      | CSV storage engine                                             | NO           | NO   | NO         |
| MEMORY             | YES      | Hash based, stored in memory, useful for temporary tables      | NO           | NO   | NO         |
| ARCHIVE            | YES      | Archive storage engine                                         | NO           | NO   | NO         |
| InnoDB             | DEFAULT  | Supports transactions, row-level locking, and foreign keys     | YES          | YES  | YES        |
| PERFORMANCE_SCHEMA | YES      | Performance Schema                                             | NO           | NO   | NO         |
9 rows in set (0.04 sec)
```

图 3-4　查询 MySQL 支持的存储引擎

在图 3-4 中,Engine 表示存储引擎名称;Support 表示 MySQL 是否支持该类引擎;Comment 表示对该类引擎的说明;Transactions 表示是否支持事务处理;XA 表示是否支持分布式交易处理的 XA 规范;Savepoints 表示是否支持保存点,以便事务回滚到保存点。

从查询结果集可以看出,InnoDB 为默认存储引擎,只有 InnoDB 支持事务处理、分布式处理和支持保存点。若要修改系统默认的存储引擎为 MyISAM,则要修改 my.ini 文件,将文件中"default-storage-engine = InnoDB"更改为"default-storage-engine = MyISAM",然后重启 MySQL 服务,修改即可生效。

注意:若数据库中所有表在建立时指定的存储引擎为 MyISAM,当更改整个数据库表的存储引擎为 InnoDB 时,需要对每个表执行修改操作,比较烦琐。用户可以先把数据库导出,得到 SQL 脚本代码,再通过查找和替换将 MyISAM 修改成 InnoDB,再将脚本代码导入数据库中,以提高操作效率。

2. MySQL 中常用的存储引擎

1) InnoDB

InnoDB 是 MySQL 的默认事务型引擎,也是最重要、使用最广泛的存储引擎,用来处理大量短期事务。InnoDB 提供了具有提交、回滚和崩溃恢复能力的事务安全。但是对比 MyISAM,InnoDB 写的处理效率略差一些,并且会占用更多的磁盘空间,以保留数据和索引。

2) MyISAM

MyISAM 不支持事务,也不支持外键,其优势是访问的速度快,对事务完整性没有要求或者以 SELECT、INSERT 为主的应用基本上都可以使用这个引擎来创建表。

四、创建和查看数据库

1. 创建数据库

创建用户数据库可以借助图形化工具,也可以使用 SQL 语句,基本语法如下。

```
CREATE DATABASE [IF NOT EXISTS]数据库名
[DEFAULT] CHARACTER SET 编码方式
|[DEFAULT] COLLATE 排序规则;
```

语法说明如下。
- CREATE DATABASE 是用于创建数据库的命令。
- 数据库名:表示要创建的数据库名称,该名称在数据库服务器中必须是唯一的。
- IF NOT EXISTS:加上该可选项,就不会因为创建的数据库已经存在而产生报错信息。
- [DEFAULT] CHARACTER SET:用于指定数据库的字符集名称。

- [DEFAULT] COLLATE:用于指定数据库的排序规则名称。

【例3.5】使用SQL语句,创建名为mydb的数据库,采用系统默认的字符集和排序规则,显示结果如下。

```
mysql > CREATE DATABASE mydb;
Query OK, 1 row affected (0.00 sec)
```

在执行结果的提示信息中,"Query OK"表示执行成功,"1 row affected"表示1行受到影响。

2. 查看数据库

为了检验mydb数据库是否创建成功,命令提示行下可以使用SQL语句查看数据库服务器中的数据库列表,其语法形式如下。

```
SHOW DATABASES;
```

【例3.6】使用SQL语句,查看数据库服务器中存在的数据库,执行结果如下。

```
mysql > SHOW DATABASES;
+--------------------+
| Database           |
+--------------------+
| information_schema |
| mydb               |
| mysql              |
| performance_schema |
| test               |
+--------------------+
5 rows in set (0.02 sec)
```

执行结果提示信息中,"5 rows in set"表示集合中有5行,说明数据库系统中有5个数据库,除mydb为用户创建的数据库,其他数据库都是MySQL安装完成后自动创建的系统数据库。

若想查看指定数据库的信息,则可以使用SHOW语句,其基本语法如下。

```
SHOW CREATE DATABASE 数据库名;
```

【例3.7】查看数据库mydb的信息,执行结果如下。

```
mysql > SHOW CREATE DATABASE mydb;
+----------+-------------------------------------------------------------------+
| Database | Create Database                                                   |
+----------+-------------------------------------------------------------------+
| mydb     | CREATE DATABASE 'mydb' /*!40100 DEFAULT CHARACTER SET utf8 */     |
+----------+-------------------------------------------------------------------+
1 row in set (0.02 sec)
```

从执行结果可以看出,mydb数据库的默认编码为"utf8"。在创建数据库时,不指定字符集,就默认使用服务器的编码字符集。

五、修改数据库

数据库创建成功后,可以使用ALTER DATABASE语句修改数据库,其基本语法如下。

```
ALTER DATABASE 数据库名
[DEFAULT] CHARACTER SET 编码方式
|[DEFAULT] COLLATE 排序规则;
```

其中，数据库名指待修改的数据库。其余参数的含义与创建数据库的参数相同。

【例 3.8】 使用 SQL 语句，修改数据库 mydb 的字符集，设置为"gbk"，排序规则设置为"gbk_bin"。

```
mysql > ALTER DATABASE mydb CHARACTER SET gbk COLLATE gbk_bin;
Query OK, 1 row affected (0.00 sec)
```

使用 SHOW 语句查看修改结果如下。

```
mysql > SHOW CREATE DATABASE mydb;
+----------+------------------------------------------------------------+
| Database | Create Database                                            |
+----------+------------------------------------------------------------+
| mydb     | CREATE DATABASE 'mydb' /* ! 40100 DEFAULT CHARACTER SET gbk COLL
ATE gbk_bin * /                                                         |
+----------+------------------------------------------------------------+
1 row in set (0.05 sec)
```

从执行结果可以看出，mydb 数据库的字符编码已更改为"gbk"。

六、删除数据库

删除数据库是指在数据库系统中删除已经存在的数据库。删除数据库之后，原来分配的空间将被收回。

SQL 语句中，使用 DROP DATABASE 语句实现数据库删除，其语法格式如下。

```
DROP DATABASE [IF EXISTS]数据库名;
```

其中，数据库名表示所要删除的数据库的名称。加上可选项"IF EXISTS"，就不会因为要删除的数据库已经不存在而产生报错信息。

【例 3.9】 删除数据库服务器中名为 mydb 的数据库，执行结果如下。

```
mysql > DROP DATABASE mydb;
Query OK, 0 rows affected (0.00 sec)
```

使用 SHOW 语句来查看 mydb 数据库是否删除成功，执行结果如下。

```
mysql > SHOW DATABASES;
+--------------------+
| Database           |
+--------------------+
| information_schema |
| mysql              |
| performance_schema |
| test               |
+--------------------+
4 rows in set (0.05 sec)
```

从执行结果看,数据库系统中已经不存在 mydb 数据库,删除执行成功,分配给 mydb 的空间将被收回。

注意:

(1)数据库会删除该数据库中所有的表和所有数据,且不能恢复,因此在执行删除数据库操作时要慎重。

(2)系统数据库 mysql 和 information_schema 中存放了和其他系统数据库及用户数据库相关的重要信息,如果删除了这两个数据库,那么 MySQL 数据库系统将不能正常工作。

任务评价表

技能目标	创建数据库;删除数据库;修改数据库			
综合素养	需求分析能力	数据库的操作能力	排查错误能力	团队协作能力
自我评价				

使用 MySQL 图形化管理工具 Navicat 管理数据库

1. 创建数据库

(1)打开 Navicat for MySQL,连接 MySQL 服务器后,在任意一个数据库上右击,在弹出的快捷菜单中选择"新建数据库"命令,如图 3-5 所示。

(2)在弹出的"新建数据库"对话框中,输入数据库名:stubackup,设置字符集和排序规则(校对规则),然后单击"确定"按钮即可创建该数据库,如图 3-6 所示。

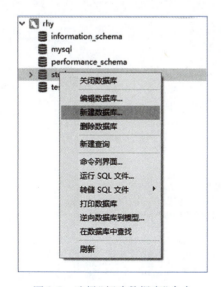

图 3-5 选择"新建数据库"命令

图 3-6 "新建数据库"对话框

2. 修改数据库

（1）选中要修改的数据库"stubackup"，右击，在弹出的快捷菜单中选择"编辑数据库"命令，如图 3-7 所示。

（2）在弹出的"编辑数据库"对话框中设置字符集和排序规则（校对规则），然后单击"确定"按钮即可修改数据库的属性，如图 3-8 所示。

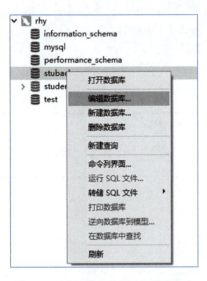

图 3-7　选择"编辑数据库属性"命令

图 3-8　"编辑数据库"对话框

3. 删除数据库

（1）回到 Navicat for MySQL 主界面，选中要删除的数据库"stubackup"，右击，在弹出的快捷菜单中选择"删除数据库"命令，如图 3-9 所示。

（2）在弹出的"确认删除"提示框中单击"删除"按钮，即可实现数据库的删除，如图 3-10 所示。

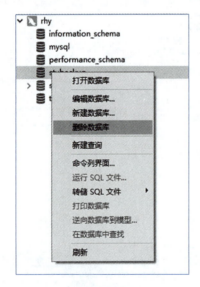

图 3-9　选择"删除数据库"命令

图 3-10　"确认删除"提示框

项目实践

1. 实践任务
创建和管理数据库。

2. 实践目的
（1）掌握使用 SQL 命令创建数据库。
（2）掌握使用 SQL 命令管理数据库。

3. 实践内容
（1）根据网上商城系统的数据库设计内容，创建网上商城数据库。名称为"Eshop"，默认字符集为"utf8"，校对规则为"utf8_general_ci"。
（2）创建一个新的数据库 Eshop_copy，规则如上，然后修改该数据库，设置默认字符集为"gb2312"，校对规则为"gb2312_general_ci"。
（3）查看所有的数据库。
（4）查看 Eshop_copy 数据库的创建信息。
（5）删除 Eshop_copy 数据库。

思考与探索

一、判断题

1. 数据库创建后，数据库名是可以修改的。　　　　　　　　　　　　　　　（　　）
2. 删除数据库会删除该数据库中所有的表和所有数据，且不能恢复。　　　　（　　）
3. MySQL 的数据库包括系统数据库和用户数据库两种。　　　　　　　　　（　　）

二、单选题

1. 在 MySQL 中，建立数据库使用的命令是（　　）。
   A. create database　　　　　　　　B. create table
   C. create view　　　　　　　　　　D. create index

2. 在 MySQL 中，通常使用（　　）语句来指定一个已有数据库作为当前数据库。
   A. using　　　　B. used　　　　C. uses　　　　D. use

3. 在 MySQL 的字符集中，（　　）不支持中文。
   A. latin1　　　　B. utf8　　　　C. gbk　　　　D. gb2312

4. 在 MySQL 中，建议在服务器级、结果级、客户端、连接级、数据库级、表级和字段级的字符集都统一为一种字符集，常设为（　　）。
   A. latin1　　　　B. utf8　　　　C. gbk　　　　D. gb2312

5. 查看当前数据库的命令为（　　）。
   A. show tables　　　　　　　　　　B. show databases
   C. show table　　　　　　　　　　 D. show database

6. 下列哪种编码方案不是汉字编码方案的中国国家标准？（   ）
   A. GB2312　　　　　B. GBK　　　　　C. UTF8　　　　　D. GB18030
7. 修改数据库的命令是(　　)。
   A. create database　　　　　　　　B. use 数据库名
   C. alter database　　　　　　　　　D. show create database

三、简述题

1. 简述 MySQL 的存储引擎分类及应用场景。
2. MySQL 中字符集和校对规则分别指的是什么？常用的字符集有哪些？

项目 4

创建和管理"学生信息"数据表

任务情境

在"学生信息管理系统"中,需要记录学生的自然信息,包括学号、姓名、性别、出生日期等,还要记录所开设的课程信息,包括课程编号、课程名称、开课学期、学时和学分等,此外,还会生成学生选修课程的相关信息,包括学号、课程编号和成绩等,这些数据都需要保存在数据库中。然而数据不能直接存放在数据库中,而是存放到数据库的数据表中,因此需要在"学生信息"数据库中建立相应的数据表,分别存储不同的数据记录。

学习目标

(1)通过本项目的学习,学生能够了解数据表的结构;学会为字段选择合适的数据类型;学会创建和管理数据表;学会为字段设置约束。

(2)培养学生认真严谨、精益求精的科学精神;锻炼学生自主探索、不畏困难、勇于担当的精神品质;进行挫折教育,锻造一丝不苟,追求卓越的工匠精神。

知识准备

问题 4-1 数据表中存储的数据常用的类型有哪些?

问题 4-2 如何创建数据表?

问题 4-3 如何为字段设置约束?

问题 4-4 如何查看数据表?

问题 4-5 如何修改数据表?

问题 4-6 如何复制数据表?

问题 4-7 如何删除数据表?

任务 1　创建和查看"学生信息"数据表

任务分析

数据库是存放数据的容器,创建数据库只是在文件系统中建立了一个以数据库名命名的文件夹,数据库本身是无法存储数据的,要存储数据必须创建数据表,表是数据库存放数据的对象实体。没有表,数据库中其他的对象就都没有意义。

任务实施

在 student 数据库中创建数据表的具体操作如下。

(1) 查看 student 数据库下的数据表。

```
USE student;
SHOW TABLES;
```

(2) 在 student 数据库中创建学生信息表,表名为"xsda",xsda 表的结构见表 4-1。

表 4-1　xsda 表的结构

字段名	类型	是否允许为空值	说明
sid	bigint	not null	学号,主键
sname	varchar(8)	not null	姓名
sex	char	not null	性别,默认为"男"
birth	date	null	出生日期
nation	varchar(10)	null	民族

创建 xsda 表的语句如下。

```
CREATE TABLE xsda(
sid bigint PRIMARY KEY,
sname varchar(8) NOT NULL,
sex char not null DEFAULT '男',
birth date,
nation varchar(10)
);
```

(3) 在 student 数据库中创建课程信息表,表名为"kcxx",kcxx 表的结构见表 4-2。

表 4-2　kcxx 表的结构

字段名	类型	说明
cid	char(8)	课程编号

续表

字段名	类　型	说　明
cname	varchar(20)	课程名称
term	tinyint	开课学期
credit	tinyint	学分

创建 kcxx 表的语句如下。

```
CREATE TABLE kcxx(
cid char(8)
cname varchar(20),
term tinyint,
credit tinyint
);
```

(4)在 student 数据库中创建学生成绩表,表名为"xscj",xscj 表的结构见表 4-3。

表 4-3　xscj 表的结构

字段名	类　型	是否允许为空值	说　明
sid	bigint	not null	学号,主键
cid	char(8)	not null	课程编号,主键
score	float	null	成绩

创建 xscj 表的语句如下。

```
CREATE TABLE xscj(
sid bigint,
cid char(8),
score float,
PRIMARY KEY(sid,cid)
);
```

为验证表创建是否成功,可以使用 SHOW TABLES 语句查看。

(5)查看 xsda 表的结构。

```
mysql> DESCxsda;
+--------+------------+------+-----+---------+----------------+
|Field   |Type        |Null  |Key  |Default  |Extra           |
+--------+------------+------+-----+---------+----------------+
|sid     |bigint(20)  |NO    |PRI  |NULL     |auto_increment  |
|sname   |char(10)    |YES   |     |NULL     |                |
|sex     |char(1)     |YES   |     |NULL     |                |
|birth   |date        |YES   |     |NULL     |                |
|nation  |char(20)    |YES   |     |NULL     |                |
+--------+------------+------+-----+---------+----------------+
5 rows in set (0.06 sec)
```

(6)查看 xscj 表的详细定义。

```
mysql > SHOW CREATE TABLE xscj;
+-------+-----------------------------------------------------------------+
| Table | Create Table                                                    |
+-------+-----------------------------------------------------------------+
| xscj  | CREATE TABLE 'xscj' (
          'sid' bigint(20) NOT NULL DEFAULT '0',
          'cid' char(8) NOT NULL DEFAULT '',
          'score' int(255) DEFAULT NULL,
          PRIMARY KEY ('sid','cid') USING BTREE,
          KEY 'cid' ('cid') USING BTREE,
         ) ENGINE = InnoDB DEFAULT CHARSET = utf8 ROW_FORMAT = COMPACT   |
+-------+-----------------------------------------------------------------+
1 row in set (0.04 sec)
```

任务 2　管理"学生信息"数据表

任务分析

数据表创建后,想要查看是否符合设计要求,可进行数据表的查看。若不符合,则可对它进行修改或删除。

任务实施

(1)向 kcxx 表中添加一个 chours 字段,用于存放每门课的学时,其数据类型为"int",该字段的插入位置在开课学期字段 term 的后面。

```
ALTER TABLE kcxx ADD chours int AFTER term;
```

(2)修改 kcxx 表,将课程编号字段 cid 设置为主键。

```
ALTER TABLE kcxx MODIFY cid char(8) PRIMARY KEY;
```

(3)修改 kcxx 表,将课程名称字段 cname 设置为非空且唯一。

```
ALTER TABLE kcxx MODIFY cname varchar(20) NOT NULL UNIQUE;
```

(4)修改 kcxx 表,将学分字段 credit 设置默认值为"4"。

```
ALTER TABLE kcxx MODIFY credit tinyint DEFAULT 4;
```

修改后,查看 kcxx 表的结构。

```
mysql > DESC kcxx;
+-------+------------+------+-----+---------+-------+
| Field | Type       | Null | Key | Default | Extra |
```

```
+--------+-------------+------+-----+---------+-------+
| cid    | char(8)     | NO   | PRI | NULL    |       |
| cname  | varchar(20) | NO   | UN1 | NULL    |       |
| term   | tinyint(4)  | YES  |     | NULL    |       |
| chours | int(11)     | YES  |     | NULL    |       |
| credit | tinyint(4)  | YES  |     | 4       |       |
+--------+-------------+------+-----+---------+-------+
6 rows in set (0.05 sec)
```

（5）在 xscj 表和 kcxx 表之间建立参照完整性，使得 xscj 表中出现的课程编号必须是 kcxx 表中存在的课程编号。

```
ALTER TABLE xscj ADD FOREIGN KEY(cid) REFERENCES kcxx(cid);
```

（6）在 xscj 表和 xsda 表之间建立参照完整性，使得 xscj 表中出现的学号必须是 xsda 表中存在的学号。

```
ALTER TABLE xscj ADD FOREIGN KEY(sid) REFERENCES xsda(sid);
```

（7）查看 xscj 表的详细定义。

```
mysql > SHOW CREATE TABLE xscj;
+-------+------------------------------------------------------------------+
| Table | Create Table                                                     |
+-------+------------------------------------------------------------------+
| xscj  | CREATE TABLE 'xscj' (
          'sid' bigint(20) NOT NULL DEFAULT '0',
          'cid' char(8) NOT NULL DEFAULT '',
          'score' int(255) DEFAULT NULL,
          PRIMARY KEY ('sid','cid') USING BTREE,
          KEY 'cid' ('cid') USING BTREE,
          CONSTRAINT'xscj_ibfk_1' FOREIGN KEY('cid') REFERENCES'kcxx'('cid'),
          CONSTRAINT'xscj_ibfk_2' FOREIGN KEY('sid') REFERENCES'xsda'('sid')
        ) ENGINE = InnoDB DEFAULT CHARSET = utf8 ROW_FORMAT = COMPACT       |
+-------+------------------------------------------------------------------+
1 row in set (0.04 sec)
```

（8）复制 xsda 表结构到当前数据库的表 xsda1 中。

```
mysql >   CREATE TABLE xsda1 LIKE xsda;
```

知识储备

在数据库中数据是存放在数据表中的，数据表再存放在数据库中。一个数据库可以存放多个数据表，每个数据表都有一个表名，用来唯一地标识自己。关系型数据库中的数据表是二维表格，由行和列组成，学生信息表见表 4-4。表中的每一行称为一条记录（元组），描述了一个学生的基本情况;表中的每一列称为一个字段(属性),描述了学生的某一特征。一个数据库中要包含多少张数据表,一个表应该包含几列,各个列要存放什么类型的数据,列值是否允许为空等,这些都必须事先根据项目需求来设计完成。

表 4-4　学生信息表

学号	姓名	性别	出生日期	民族
20220101	王红	女	2001-02-14	汉族
20220102	刘林	男	2002-05-20	回族
20220103	曹红雷	男	2002-09-24	汉族

一、数据的类型

数据类型决定了数据的存储格式和有效范围等,MySQL 中常用的数据类型大致分为三类:数值型、字符型和日期时间型。

1. 数值型

按照数值的特点,数值型又分为存放整数的整型、存放小数的浮点型和定点型。整型是最常用的数据类型之一,见表 4-5。

表 4-5　整型

类　型	字节数	范围(无符号)	范围(有符号)	类型说明
tinyint	1	$0 \sim 255$	$-128 \sim 127$	微整数值,如年龄、学分
smallint	2	$0 \sim 65535$	$-32768 \sim 32767$	小整数值
mediumint	3	$0 \sim 2^{24}-1$	$-2^{23} \sim 2^{23}-1$	中等整数值
int	4	$0 \sim 2^{32}-1$	$-2^{31} \sim 2^{31}-1$	整数值,用得最多
bigint	8	$0 \sim 2^{64}-1$	$-2^{63} \sim 2^{63}-1$	大整数值

MySQL 中,使用浮点型和定点型来表示小数。浮点型包括单精度浮点型(Float)和双精度浮点型(Double),定点型是 Declmal。浮点型存放的是近似值,定点型存放的是精确值。浮点型和定点型见表 4-6。

表 4-6　浮点型和定点型

类　型	字节数	负数的取值范围	非负数的取值范围	类型说明
FLOAT(M,D)	4	$-3.402823466E+38 \sim$ $-1.175494351E-38$	0 和 $1.175494351E-38 \sim$ $3.402823466E+38$	如:成绩、温度等较小的小数
DOUBLE(M,D)	8	$-976931348623157E+308 \sim$ $-2.2250738585072014E-308$	0 和 $2.2250738585072014E-308 \sim$ $1.7976931348623157E+308$	如:科学数据等较大的小数
Dec(M,D) Decimal(M,D)	M+2	同 double 型	同 double 型	如:存放货币类的精确的小数

MySQL 中可以指定浮点数和定点数的精度,其中 M 表示数字总位数(其中不包括小数点"."和正负号),D 表示小数位数。例如,Decimal(5,2),它表示数据的总长度为 5,小数位数

为2。在这里M和D也可以省略,若是定点型,则M默认为10,D默认为0;若是浮点型,则根据插入的具体数值来决定其精度。

注意:尽管指定小数精度的方法适用于浮点数和定点数,但在实际应用中,如果不是特别需要,浮点数的定义不建议使用小数精度法,以免影响数据库的迁移。

2. 字符型

字符型根据实际存储字符的长度不同又可分为字符型和文本型。字符型又包括可变长度的字符型(Varchar)和固定长度的字符型(Char),char型和varchar型见表4-7。

表4-7 char型和varchar型

类型	允许的长度	类型说明	空间耗费	执行效率
CHAR(M)	M为0~255之间的整数 M可以省略,默认为1	固定长度字符型 如性别、身份证号、手机号	耗费	高
VARCHAR(M)	M为0~65535之间的整数 M不可以省略	可变长度字符型 如姓名、地址、商品名称	节省	低

文本型text类型用于存储大文本数据,不能设置默认值,可用于存储新闻事件、博客、产品描述等。按文本的长短,有4种text类型可选。text型见表4-8。

表4-8 text型

类型	允许的长度	存储空间
TINYTEXT	0~255字符	值的长度+2字节
TEXT	0~65535字符	值的长度+2字节
MEDIUMTEXT	0~167772150字符	值的长度+3字节
LONGTEXT	0~4294967295字符	值的长度+4字节

当数据库中存储图片、声音等多媒体数据时,可以采用二进制型。按照数据长度,有以下类型可供选择。二进制型见表4-9。

表4-9 二进制型

类型	允许的长度
BINARY(M)	字节数为M,允许长度为0~M的定长二进制字符串
VARBINARY(M)	允许长度为0~M的变长二进制字符串,字节数为值的长度加1
BIT(M)	M位二进制数据,M最大值为64
TINYBLOB(M)	可变长二进制数据,最多255个字节
BLOB(M)	可变长二进制数据,最多($2^{16}-1$)个字节
MEDIUMBLOB(M)	可变长二进制数据,最多($2^{24}-1$)个字节
LONGBLOB(M)	可变长二进制数据,最多($2^{32}-1$)个字节

注意:在实际的开发中,是不会将一个声音或视频直接放在一个表中的,因为太浪费数据库的存储空间了。在表中一般存放的是声音或视频的路径,如果存放图片也只会存放特别小

的图片,如 QQ 头像。因此二进制型是很少用的。

3. 日期时间型

为了方便在数据库中存储日期和时间,MySQL 中提供了多种表示日期和时间的数据类型。其中,YEAR 类型表示年份;DATE 类型表示日期;TIME 类型表示时间;DATETIME 和 TIMESTAMP 表示日期时间。日期时间型表 4-10。其中,DATETIME 类型比 TIMESTAMP 类型存储的范围大,另外,TIMESTAMP 类型存储的数据会受到时区的影响。

表 4-10　日期时间型

类　型	字节数	取值范围
YEAR	1	1901～2015
DATE	4	1000－01－01～9999－12－31
TIME	3	－838:59:59～838:59:59
DATETIME	8	1000－01－01 00:00:00～9999－12－31 23:59:59
TIMESTAMP	4	19700101080001～20380119111407

二、创建和查看数据表

1. 查看数据表

数据库创建成功后,可以使用 SHOW TABLES 语句查看数据库中的表。

【例 4.1】 假设已经创建了 mydb 数据库,需要查看数据库下的数据表。

操作步骤如下。

(1) 使用 USE 语句将 mydb 设为当前数据库。

```
mysql> USE mydb;
Database changed
```

其中"Database changed"表示数据库切换成功。

(2) 查看数据表。

```
mysql> SHOW TABLES;
Empty set (0.00 sec)
```

"Empty set"表示空集。从执行结果可以看出,mydb 数据库中没有数据表。

2. 创建数据表

创建数据表的语法格式如下。

```
CREATE [TEMPORARY] TABLE [IF NOT EXISTS] 表名
(列名 1 数据类型 [约束],
列名 2 数据类型 [约束],
…
列名 n 数据类型 [约束]
);
```

语法说明如下。
- **TEMPORARY**：表示创建的表为临时表。
- **IF NOT EXISTS**：使用此选项可以避免因创建的表已经存在而报错。
- 表名：表示所要创建的表的名字。表名必须符合标识符规则，即可以由英文字母、数字和下画线组成，并以英文字母开头，不能使用 SQL 语言的关键字，需见名知意。
- 列名：表示表中列的名字。列名必须符合标识符规则，而且在表中要唯一。
- 数据类型：表示列的数据类型，有的数据类型需要指明长度，并用括号括起来。
- 约束：包括非空约束、默认值约束、主键约束、唯一约束、外键约束和检查约束。

【例 4.2】在 mydb 数据库中创建一个用户表，表名为"myUsers"，myUsers 表的结构见表 4-11。

表 4-11 myUsers 表的结构

字段名	类　　型	说　　明
uID	int	用户 ID
uName	varchar(30)	用户名
uPwd	Varchar(30)	密码

创建 myUsers 表的语句如下。

```
CREATE TABLE myUsers(
uID int,
uName varchar(30),
uPwd varchar(30)
);
```

注意：创建表时，要先选择表所属的数据库，可以使用 USE 命令来选择数据库，如果没有选择数据库，那么需要在表名前面加上数据库名。具体写法：数据库名.表名。

为了验证表创建是否成功，可以使用 SHOW TABLES 语句来查看。

```
mysql > SHOW TABLES;
+----------------+
| Tables_in_mydb |
+----------------+
| myUsers        |
+----------------+
1 row in set (0.02 sec)
```

3. 查看表结构

在向表中添加数据前，一般先需要查看表结构。MySQL 中查看表结构的语句包括 DESC 语句和 SHOW CREATE TABLE 语句。

（1）使用 DESC 语句可以查看表的基本定义，其语法格式如下。

```
DESC 表名;
```

【例 4.3】使用 DESC 语句查看 myUsers 表的结构，执行结果如下。

```
mysql > DESC myUsers;
+--------+-------------+------+-----+---------+-------+
|Field   |Type         |Null  |Key  |Default  |Extra  |
+--------+-------------+------+-----+---------+-------+
|uID     |int(11)      |YES   |     |NULL     |       |
|uName   |varchar(30)  |YES   |     |NULL     |       |
|uPwd    |varchar(30)  |YES   |     |NULL     |       |
+--------+-------------+------+-----+---------+-------+
3 rows in set (0.05 sec)
```

（2）使用 SHOW CREATE TABLE 语句不仅可以查看表的详细定义，还可以查看表使用的默认的存储引擎和字符编码，其语法格式如下。

SHOW CREATE TABLE 表名；

【例 4.4】 使用 SHOW CREATE TABLE 语句查看 myUsers 表的详细定义，执行结果如下。

```
mysql > SHOW CREATE TABLE myUsers;
+--------+------------------------------------------------------------+
|Table   |Create Table                                                |
+--------+------------------------------------------------------------+
|users   |CREATE TABLE 'myUsers' (                                    |
|        |  'uID' int(11) DEFAULT NULL,                               |
|        |  'uName' varchar(30) DEFAULT NULL,                         |
|        |  'uPwd' varchar(30) DEFAULT NULL                           |
|        |) ENGINE = InnoDB DEFAULT CHARSET = utf8                    |
+--------+------------------------------------------------------------+
1 row in set (0.03 sec)
```

三、修改表的结构

当系统需求发生变更或创建数据表考虑不周时，就需要对表的结构进行修改，修改表的结构可以包括修改表名、修改字段名、修改字段数据类型、修改字段排列位置、添加字段、删除字段、修改表的存储引擎等。

1. 修改表名

数据库系统通过表名来区分不同的表。MySQL 中，修改表名有两种方法。
方法一的语法格式如下。

ALTER TABLE 原表名 RENAME [TO] 新表名；

方法二的语法格式如下。

RENAME TABLE 原表名 TO 新表名；

【例 4.5】 将 mydb 数据库中的 myUsers 表更名为 myUsers1 表，执行结果如下。

```
mysql > ALTER TABLE myUsers RENAME myUsers1;
Query OK, 0 rows affected (0.01 sec)
```

修改表名后,使用 SHOW TABLES 语句查看表名是否修改成功,执行结果如下。

```
mysql > SHOW TABLES;
+----------------+
|Tables_in_mydb  |
+----------------+
|myUsers1        |
+----------------+
1 row in set (0.06 sec)
```

从显示结果可以看出,数据库中的 myUsers 表已经成功更名为 myUsers1。

2. 修改字段

修改字段可以实现修改字段名、字段类型等操作。

在一张表中,字段名称是唯一的。MySQL 中,修改表中字段名的语法格式如下。

ALTER TABLE 表名 CHANGE 原字段名 新字段名 新数据类型;

其中,原字段名指的是修改前的字段名,新字段名为修改后的字段名,新数据类型为字段修改后的数据类型。

【例 4.6】在数据库 mydb 中,将 myUsers1 表中名为 uPwd 的字段名称修改为 uPswd,长度改为可变 20,执行结果如下。

```
mysql > ALTER TABLE myUsers1 CHANGE uPwd uPswd VARCHAR(20);
Query OK, 0 rows affected (0.02 sec)
Records: 0  Duplicates: 0  Warnings: 0
```

使用 DESC 语句查看字段修改是否成功,执行结果如下。

```
mysql > DESC myUsers1;
+--------+-------------+------+-----+---------+-------+
|Field   |Type         |Null  |Key  |Default  |Extra  |
+--------+-------------+------+-----+---------+-------+
|uID     |int(11)      |YES   |     |NULL     |       |
|uName   |varchar(30)  |YES   |     |NULL     |       |
|uPswd   |varchar(20)  |YES   |     |NULL     |       |
+--------+-------------+------+-----+---------+-------+
3 rows in set (0.05 sec)
```

从显示结果可以看出,字段名称修改成功。

注意:在修改字段时,必须指定新字段名的数据类型,即使新字段的类型与原类型相同。若只需要修改字段的类型,使用的 SQL 语句语法如下。

ALTER TABLE 表名 MODIFY 字段名 新数据类型;

其中,表名指的是要修改的表的名称,字段名指的是待修改的字段名称,新数据类型指的是修改后的数据类型。

【例 4.7】在数据库 mydb 中,将 myUsers1 表中的 uPswd 字段类型改为 VARBINARY,长

度改为20,执行结果如下。

```
mysql> ALTER TABLE myUsers1 MODIFY uPswd VARBINARY(20);
Query OK, 0 rows affected (0.02 sec)
Records: 0  Duplicates: 0  Warnings: 0
```

修改字段类型后,使用 DESC 语句查看字段类型修改是否成功,执行结果如下。

```
mysql> DESC myUsers1;
+-------+--------------+------+-----+---------+-------+
| Field | Type         | Null | Key | Default | Extra |
+-------+--------------+------+-----+---------+-------+
| uID   | int(11)      | YES  |     | NULL    |       |
| uName | varchar(30)  | YES  |     | NULL    |       |
| uPswd | varbinary(20)| YES  |     | NULL    |       |
+-------+--------------+------+-----+---------+-------+
3 rows in set (0.05 sec)
```

从显示结果可以看出,字段 uPswd 的类型成功修改为"varbinary(20)"。

注意:MODIFY 和 CHANGE 都可以改变字段的数据类型,但 CHANGE 可以在改变字段数据类型的同时,改变字段名。如果要使用 CHANGE 只修改字段数据类型,不修改原字段名,那么 CHANGE 后面必须跟两个同样的字段名。

3. 修改字段的排列位置

使用 ALTER TABLE 语句可以修改字段在表的排列位置,其语法格式如下。

```
ALTER TABLE 表名 MODIFY 字段名1 数据类型 FIRST|AFTER 字段名2;
```

其中,字段名1表示待修改位置的字段名称;数据类型表示字段名1的数据类型;FIRST 表示将字段名1设置为表的第一个字段;AFTER 字段名2表示将字段名1排列到字段名2之后。

【例4.8】修改 myUsers1 表中字段 uPswd 排列位置到字段 uID 之后。

实现的 SQL 语句如下。

```
mysql> ALTER TABLE myUsers1 MODIFY uPswd VARBINARY(20) AFTER uID;
```

执行上述语句,并使用 DESC 语句查看 myUsers1 表,显示结果如下。

```
mysql> DESC myUsers1;
+-------+--------------+------+-----+---------+-------+
| Field | Type         | Null | Key | Default | Extra |
+-------+--------------+------+-----+---------+-------+
| uID   | int(11)      | YES  |     | NULL    |       |
| uPswd | varbinary(20)| YES  |     | NULL    |       |
| uName | varchar(30)  | YES  |     | NULL    |       |
+-------+--------------+------+-----+---------+-------+
3 rows in set (0.06 sec)
```

从执行结果可以看出,字段 uPswd 被修改到字段 uID 之后。

4. 添加字段

在 MySQL 中，使用 ALTER TABLE 语句添加字段的基本语法如下。

```
ALTER TABLE 表名 ADD 字段名 数据类型 [数据约束][FIRST|AFTER 已存在的字段名];
```

其中，字段名表示需要增加的字段名称；数据类型表示新增字段的数据类型；数据约束表示可选参数；FIRST 和 AFTER 也是可选参数，用于设置新增字段的位置。当不指定位置时，新增字段默认为表的最后一个字段。

【例 4.9】 在 myUsers1 表中增加字段 uSex，用于存放用户的性别，其数据类型为 "CHAR"，长度为 "1"。

```
mysql> ALTER TABLE myUsers1 ADD uSex CHAR(1);
```

语句执行后，使用 DESC 语句查看 myUsers1 表，执行结果如下。

```
mysql> DESC myUsers1;
+-------+-------------+------+-----+---------+-------+
|Field  |Type         |Null  |Key  |Default  |Extra  |
+-------+-------------+------+-----+---------+-------+
|uID    |int(11)      |YES   |     |NULL     |       |
|uPswd  |varbinary(20)|YES   |     |NULL     |       |
|uName  |varchar(30)  |YES   |     |NULL     |       |
|uSex   |char(1)      |YES   |     |NULL     |       |
+-------+-------------+------+-----+---------+-------+
4 rows in set (0.04 sec)
```

从显示结果可以看出，在 myUsers1 表中所有字段的后面添加了名为 uSex 的字段。

5. 删除字段

当字段设计冗余或是不再需要时，使用 ALTER TABLE 语句可以删除表中字段，其语法格式如下。

```
ALTER TABLE 表名 DROP 字段名;
```

【例 4.10】 删除 myUsers1 表中的字段 uSex。

```
mysql> ALTER TABLE myUsers1 DROP uSex;
```

语句执行后，使用 DESC 语句查看 myUsers1 表，此时表中不再有名为 uSex 的字段。

四、复制表

MySQL 中，表的复制操作包括复制表结构和复制表中的数据。复制操作可以在同一个数据库中执行，也可以跨数据库实现，主要方法如下。

1. 复制表结构及数据到新表

```
CREATE TABLE 新表名 SELECT * FROM 源表名;
```

其中，新表名表示复制的目标表名称，表的名称不能同数据库中已有的名称相同；源表名表示待复制表的名称；SELECT * FROM 表示查询符合条件的数据，有关 SELECT 的语法在项目 6 中将详细介绍。

【例 4.11】 复制系统数据库 mysql 中 user 表的结构及数据到 mydb 数据库中的 sysUser1 表。

执行结果如下。

```
mysql > USE mydb;
Database changed

mysql > CREATE TABLE sysUser1 SELECT * FROM mysql.user;
Query OK, 5 rows affected (0.01 sec)
Records: 5  Duplicates: 0  Warnings: 0
```

从显示结果看出,有 5 条记录被成功复制。使用 SHOW TABLES 语句查看数据库中的表,执行结果如下。

```
mysql > SHOW TABLES;
+----------------+
| Tables_in_mydb |
+----------------+
| myUsers1       |
| sysUser1       |
+----------------+
2 rows in set (0.02 sec)
```

从显示结果可以看出,mydb 数据库中增加了名为 sysUser1 的表。

注意:当源表和新表属于不同的数据库时,需要在源表名前面加上数据库名,格式为"数据库名.源表名"。

2. 复制表的部分字段及数据到新表

CREATE TABLE 新表名 SELECT 字段1,字段2,……FROM 源表名;

【例 4.12】 复制系统数据库 mysql 中 user 表的 User 和 Password 两列数据到 mydb 数据库中的 sysUser2 表。

执行结果如下。

```
mysql > CREATE TABLE sysUser2 SELECT User,Password FROM mysql.user;
Query OK, 5 rows affected (0.01 sec)
Records: 5  Duplicates: 0  Warnings: 0
```

使用 SELECT 语句查看 sysUser2 数据,执行结果如下。

```
mysql > SELECT * FROM sysUser2;
+--------+-------------------------------------------+
| User   | Password                                  |
+--------+-------------------------------------------+
| root   | *23AE809DDACAF96AF0FD78ED04B6A265E05AA257 |
```

```
| lily     |* 0F3FBFCD551FE2D96063623081899CDB4CB9D2DD |
| user2    |* BB356434D91BAA8AE5B69F0D05465166650AD6E0 |
| user3    |* E9DCEA4D1DE7B4CCF7E9B02A07CBAA81A1BF8225 |
| abc      |                                          |
+----------+------------------------------------------+
5 rows in set (0.06 sec)
```

从显示结果可以看出,表复制成功,且有 5 条记录被复制到 sysUser2 表中。

3. 只复制表结构到新表

若只需要复制表的结构,则语法格式如下。

```
CREATE TABLE 新表名  LIKE 源表名;
```

【例 4.13】复制 mydb 中的 sysUser2 表的结构到 tempUser 表,执行结果如下。

```
mysql > CREATE TABLE tempUser LIKE sysUser2;
Query OK, 0 rows affected (0.01 sec)
```

从显示结果可以看出,表结构复制成功。

五、删除表

删除表时,表的结构、数据、约束等将被全部删除。MySQL 中,使用 DROP TABLE 语句来删除表,其语法格式如下。

```
DROP TABLE 表名;
```

【例 4.14】删除名为 tempUser 的表。

执行结果如下。

```
mysql > DROP TABLE tempUser;
Query OK, 0 rows affected (0.01 sec)
```

执行成功后,可以使用 SHOW TABLES 或 DESC 语句查看表 tempUser 是否还存在。

若想同时删除多张表,则只需要在 DROP TABLE 语句中列出多个表名,表名之间用逗号分隔。

【例 4.15】同时删除名为 sysUser1 和 sysUser2 的表。

执行结果如下。

```
mysql > DROP TABLE sysUser1, sysUser2;
Query OK, 0 rows affected (0.01 sec)
```

注意:在删除表时,需要确保该表中的字段未被其他表关联,若有关联,则需要先取消关联或删除关联表,否则删除表的操作将会失败。

六、数据约束

数据约束是为了防止数据库中存在不符合规定的数据。为了保证插入数据的准确性、有效性、完整性和一致性,常见的数据约束分为以下几种,见表 4-12。

表 4-12　常见的数据约束类型

约　束	描　述	关键字
非空约束	用于限制字段的值必须填写,不能为空	not null
唯一约束	用来约束字段的所有数据都是唯一的,不能有重复的值。如:身份证号、手机号、用户名	unique
主键约束	主键是一行数据的唯一标识,要求非空且唯一;每个表都应该有一个主键,而且最多只能有一个主键;主键可以是单一字段,也可以是多个字段的组合。如编号、学号都可以作主键,因为它们可以唯一标识每一行数据	promary key
默认约束	可以为某一列设置默认值,当插入数据时,若未指定该字段的值,则采用默认值。如性别,可以根据具体情况来设置默认值为"男"或"女"	default
检查约束	用于限定字段值必须满足指定的条件(MySQL8.0.16 版本之后才有)	check
外键约束	用来在两个表之间建立关联,从而保证两个表中的数据的一致性和完整性	foreign key

约束是作用在字段上的,可以在创建表时,直接添加约束;也可以在修改表时,添加或删除约束。因为约束是限制数据的输入的,所以要在添加数据之前来设置约束,才能起到约束的作用。

1. 创建表时设置约束

在创建数据表时,可以在字段定义的后面直接设置约束(列级约束),也可以在所有的字段都定义完之后,再设置约束(表级约束)。其语法格式如下。

```
CREATE TABLE 表名
(字段1 类型 列级约束,
 字段2 类型 列级约束,
 …
 表级约束
)
```

【例 4.16】在 mydb 数据库中创建一个用户表,表名为 users,users 表的结构见表 4-13。

表 4-13　users 表的结构

字段名	类　型	是否允许为空	说　明
uID	int	not null	用户 ID,主键,能够自增长
uName	varchar(30)	not null	用户名,不允许重名
uPwd	Varchar(30)	not null	密码
uSex	char(1)	null	性别,默认为"男"

创建 users 表的语句如下。

```
CREATE TABLEusers(
uID int PRIMARY KEY AUTO_INCREMENT,
uName varchar(30) NOT NULL UNIQUE,
uPwd varchar(30) NOT NULL,
uSex char DEFAULT '男'
);
```

执行成功后,使用 DESC 命令查看表的结构如下。

```
mysql > DESC users;
+--------+-------------+------+-----+---------+----------------+
|Field   |Type         |Null  |Key  |Default  |Extra           |
+--------+-------------+------+-----+---------+----------------+
|uID     |int(11)      |NO    |PRI  |NULL     |auto_increment  |
|uName   |varchar(30)  |NO    |UNI  |NULL     |                |
|uPwd    |varchar(30)  |NO    |     |NULL     |                |
|uSex    |char(1)      |YES   |     |男       |                |
+--------+-------------+------+-----+---------+----------------+
4 rows in set (0.06 sec)
```

注意：UNIQUE 约束允许字段为空,若建立 UNIQUE 约束的字段值不允许为空时,则需同时设置 NOT NULL 约束。

在【例 4.16】中,使用的都是列级约束。在创建表的过程中,有时定义列的时候没有及时设置列级约束,或者有的约束使用列级约束不能实现。这时,就可以使用表级约束。其语法格式如下。

[CONSTRAINT 约束名] 约束类型(字段名)

【例 4.17】在 mydb 数据库中创建一个用户表,表名为"users2",表的结构与 users 表的结构相同,其中唯一约束使用表级约束来实现。

创建 users2 表的语句如下。

```
CREATE TABLEusers2(
uID int PRIMARY KEY AUTO_INCREMENT,
uName varchar(30) NOT NULL,
uPwd varchar(30) NOT NULL,
uSex char DEFAULT'男',
UNIQUE(uPwd)
);
```

执行成功后,使用 DESC 语句查看 users2 表的结构,可以发现与 users 表的结构相同。

注意：表级约束不支持非空约束和默认值约束。

主键约束的特点如下。

- 每个表都应该有一个主键,且只能有一个主键。
- 主键的作用是用来唯一标识每一条记录的。
- 设为主键的字段不能有重复值,且不能为空。
- 主键可以是单一主键,也可以是联合主键(多个字段联合起来添加一个主键),联合主键只能使用表级约束来实现。
- 如果主键的值是连续的,还可以使用主键的自增长功能,使输入变得更简单。

外键的作用是在两个表之间建立联系,从而保证数据的一致性,也称为参照完整性。例如,用户表中存放的是每个用户的个人信息,订单表中存放每个用户的订单信息,在订单表中出现的用户号一定是用户表中存在的用户号。为了保证这一点,就要使用外键约束来实现。在外键约束中被引用的表称为父表,在这里用户表的用户号被订单表所引用,所以用户表是父表,订单表为子表。

建立参照完整性首先要保证父表中关联的列必须有主键约束或者唯一键约束。然后在子表中关联的列上创建外键就可以了。

定义外键约束的语法格式如下。

[CONSTRAINT 外键名] FOREIGN KEY(外键字段名) REFERENCES 主表名(被参照的字段名);

【例 4.18】 在用户表 users 和订单表 orders 之间建立参照完整性。orders 表的结构见表 4-14。

表 4-14 orders 表的结构

字段名	类 型	是否允许为空	说 明
oID	int	not null	订单 ID,主键,能够自增长
uID	int	not null	用户 ID,外键
oTime	datetime	not null	下单时间
oTotal	float	not null	订单金额,默认为"0"

建立参照完整性时,首先要保证父表(users 表)中关联的用户号列(uID 列)上创建主键约束或者唯一约束。然后在子表(orders 表)中关联的列(uID 列)上创建外键。目前父表 users 表已经建好了,下面来创建 orders 表,SQL 语句如下。

```
CREATE TABLE orders(
    oID int PRIMARY KEY AUTO_INCREMENT,
    uID int NOT NULL,
    oTime datetime NOT NULL,
    oTotal float NOT NULL DEFAULT 0,
    CONSTRAINT FK_uID FOREIGN KEY(uID) REFERENCES users(uID)
);
```

使用 SHOW CREATE TABLE 语句查看 orders 表的定义,执行结果如下。

```
mysql > SHOW CREATE TABLE orders;
+--------+------------------------------------------------------------------+
| Table  | Create Table                                                     |
+--------+------------------------------------------------------------------+
| orders | CREATE TABLE `orders` (
           `oID` int(11) NOT NULL AUTO_INCREMENT,
           `uID` int(11) NOT NULL
           `oTime` datetime NOT NULL,
           `oTotal` float NOT NULL DEFAULT '0',
           PRIMARY KEY (`oID`),
           KEY `FK_uID` (`uID`),
           CONSTRAINT `FK_uID` FOREIGN KEY(`uID`) REFERENCES `users`(`uID`)
```

```
) ENGINE = InnoDB DEFAULT CHARSET = utf8                                        |
+--------+-----------------------------------------------------------------------+
1 row in set (0.06 sec)
```

从显示结果可以看到,uID 定义为了 orders 表的外键,它引用的是 users 表的主键 uID,这样就实现了两张表的关联。

注意:建立外键约束的表,其存储引擎必须是 InnoDB,且不能是临时表。

外键约束的特点如下。
- 要求在子表中设置外键。
- 创建表时,一定要先创建父表,再创建子表。
- 父表中的关联列必须是主键或唯一键。
- 子表中外键列的类型和父表的关联列的类型要求一致或兼容,列名无要求。
- 添加数据要先添加父表中的数据,后添加子表中的数据,删除数据要先删除子表中的数据,再删除父表中的数据,否则会报错。
- 删除表时,要先删除子表,再删除父表。

2. 修改表时设置约束

1)修改表时添加约束

修改表时添加非空约束、默认值约束、主键约束和唯一约束的语法格式如下。

```
ALTER TABLE 表名 MODIFY 字段名 类型 约束;
```

【例 4.19】在用户表 myUsers1 中分别为 uID 列添加主键约束和自增长功能,为 uName 列添加非空且唯一约束,为 uPswd 列添加非空约束。

SQL 语句如下。

```
ALTER TABLE myUsers1 modify uID int PRIMARY KEY AUTO_INCREMENT;
ALTER TABLE myUsers1 modify uName varchar(30) NOT NULL UNIQUE;
ALTER TABLE myUsers1 modify uPswd varbinary(20) NOT NULL;
```

也可以在添加列时,直接对该列设置约束。

【例 4.20】在 myUsers1 表中增加字段 uSex,用于存放用户的性别,其数据类型为"CHAR",长度为"1",默认值为"女"。

SQL 语句如下。

```
ALTER TABLE myUsers1 ADD uSex char DEFAULT '女';
```

另外,添加主键约束、唯一约束和外键约束还可以使用如下语法格式。

```
ALTER TABLE 表名 add 约束类型(列名表);
```

【例 4.21】假设目前已经删除了 orders 表对应字段的主键约束、唯一约束和外键约束,重新使用命令添加对应的约束。

SQL 语句如下。

```
ALTER TABLE orders ADD PRIMARY KEY(oID);
ALTER TABLE orders ADD UNIQUE(uID);
ALTER TABLE orders ADD FOREIGN KEY(uID) REFERENCES users(uID);
```

2）修改表时删除约束

在多数情况下，约束的使用是为了使数据库中各种关系更加严谨，但同时也限制了数据操作的灵活性。删除非空约束和默认值约束的语法格式如下。

```
ALTER TABLE 表名 MODIFY 字段名 类型;
```

【例 4.22】 在用户表 myUsers1 中分别删除 uID 列的自增长功能，删除 uName 列和 uPswd 列的非空约束，删除 uSex 列的默认值约束。

SQL 语句如下。

```
ALTER TABLE myUsers1 MODIFY uID int;
ALTER TABLE myUsers1 MODIFY uName varchar(30);
ALTER TABLE myUsers1 MODIFY uPswd varbinary(20);
ALTER TABLE myUsers1 MODIFY uSex char;
```

执行成功后，使用 DESC 语句查看 myUsers1 表的结构。

```
mysql> DESC myUsers1;
+--------+--------------+------+-----+---------+-------+
| Field  | Type         | Null | Key | Default | Extra |
+--------+--------------+------+-----+---------+-------+
| uID    | int(11)      | NO   | PRI | 0       |       |
| uPswd  | varbinary(20)| YES  |     | NULL    |       |
| uName  | varchar(30)  | YES  | UNI | NULL    |       |
| uSex   | char(1)      | YES  |     | NULL    |       |
+--------+--------------+------+-----+---------+-------+
4 rows in set (0.04 sec)
```

从显示结果中可以看到，表中的非空约束和默认值约束都已经被删除了，但主键约束和唯一约束并没有被删除掉。删除主键约束、唯一约束和外键约束的语法格式如下。

```
ALTER TABLE 表名 DROP 约束类型 约束名;
```

【例 4.23】 在用户表 myUsers1 中分别删除 uID 列的主键约束，删除 uName 列的唯一约束。
SQL 语句如下。

```
ALTER TABLE myUsers1 DROP PRIMARY KEY;
ALTER TABLE myUsers1 DROP INDEX uName;
```

执行成功后，使用 DESC 语句查看 myUsers1 表的结构。

注意：
- 因为在一个数据表中只有一个主键，所以删除主键可以不指定主键名；
- 唯一约束又称唯一索引，在删除唯一约束时，注意约束类型使用的是 INDEX 而不是 U-NIQUE。
- 唯一约束名默认与对应的列名相同。

【例 4.24】 在订单表 orders 中删除 uID 列的外键约束。
SQL 语句如下。

```
ALTER TABLE orders DROP FOREIGN KEY orders_ibfk_1;
```

其中orders_ibfk_1为创建外键时自动生成的外键名,可以使用SHOW CREATE TABLE语句查看对应的外键名。执行完成后,可以使用SHOW CREATE TABLE语句查看删除外键约束后的表定义。

注意:MySQL中,表的约束信息由数据库information_schema中TABLE_CONSTRANTS表来维护,可以通过查看该表来查看所有表中的约束信息。

任务评价

任务评价表

技能目标	创建表;修改表;显示表的结构			
综合素养自我评价	需求分析能力	灵活运用代码的能力	排查错误能力	团队协作能力

拓展学习

使用 MySQL 图形化管理工具 Navicat 创建数据表

在数据库 student_backup 中创建学生档案表 xsda。具体步骤如下。

(1)打开Navicat,连接MySQL服务器,进入Navicat for MySQL主界面,展开"连接"框中的连接名,创建student_backup数据库。

(2)双击打开要操作的数据库student_backup,选中"表",右击,在弹出的快捷菜单中选择"新建表"命令,弹出"表"的编辑窗口,如图4-1所示。其中,"名"表示列名;"类型"表示列的数据类型;"长度"表示数据类型的长度;"不是null"用来指定是否允许为空;"键"用来设置主键。

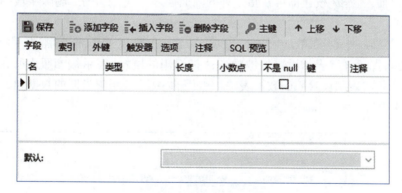

图4-1 "表"的编辑窗口

(3)在"表"编辑窗口中对列的属性进行设置,如果该列的数据类型为"整型",还可以设置是否"自动递增",以及是否"无符号"等。整型字段的设置界面如图4-2所示。

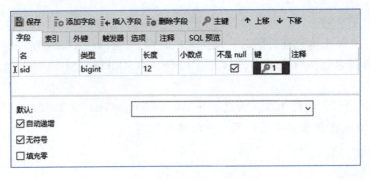

图 4-2 整型字段的设置界面

(4)每设置完一个字段,单击工具栏中的"添加字段"按钮即可新增一列。如果该列的数据类型为"字符型",还可以设置该列的默认值、字符集及排序规则等。字符型字段的设置界面如图 4-3 所示。

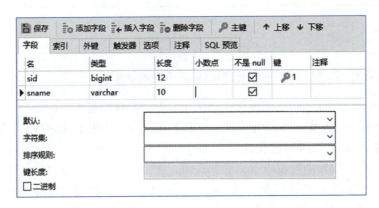

图 4-3 字符型字段的设置界面

(5)单击"插入字段"按钮即可在指定列的前面插入一列,而单击"删除字段"按钮即可删除不需要的列。

(6)若需要添加外键,则单击"外键"选项卡,显示外键设置界面,如图 4-4 所示。其中,"名"表示外键名;"字段"表示设置外键的列;"被引用的模式"表示被参照表所在的数据库;"被引用的表(父)"表示被参照的数据表;"被引用的字段"表示被参照的数据列;"删除时"和"更新时"用来设置参考动作。

图 4-4 外键设置界面

(7)当所有的设置完成后,单击工具栏的"保存"按钮,弹出"表名"对话框,如图 4-5 所示。在对话框中输入表名"xsda",单击"确定"按钮即可完成数据表的创建。

图 4-5 "表名"对话框

项目实践

1. 实践任务

（1）创建和管理数据表。
（2）维护表中数据的完整性。

2. 实践目的

（1）掌握 MySQL 的各种数据类型。
（2）学会使用 SQL 语句创建表。
（3）学会使用 SQL 语句管理表。
（4）学会使用 SQL 语句创建和管理约束。

3. 实践内容

（1）根据网上商城数据库的关系模型与 E-R 图设计，分析出网上商城数据库中用户表（users）、商品表（goods）、商品类型表（GoodsType）、订单表（orders）和订单明细表（OrderDetails）等的具体表结构，并使用 SQL 语句完成各个表的创建。各个数据表的具体结构见表 4-15 ~ 表 4-19。

表 4-15 users 表的结构

字段名	类 型	是否允许为空值	说 明
uID	int(4)	not null	用户 ID,主键,自增长
uName	varchar(30)	not null	用户名
uPwd	varchar(30)	not null	密码
uSex	char	null	性别,默认为"男"
uBirth	datetime	null	出生日期
uPhone	varchar(20)	null	电话

表 4-16 goods 表的结构

字段名	类 型	是否允许为空值	说 明
gdID	int(4)	not null	商品 ID,主键,自增长
tID	int(4)	not null	类别 ID
gdCode	varchar(50)	not null	商品编号

续表

字段名	类型	是否允许为空值	说明
gdName	varchar(100)	not null	商品名称
gdPrice	float	null	价格
gdQuantity	int(4)	null	库存数量
gdInfo	text	null	商品描述

表 4-17 GoodsType 表的结构

字段名	类型	是否允许为空值	说明
tID	int(4)	not null	类别 ID，主键，自增长
tName	varchar(100)	not null	类别名称

表 4-18 orders 表的结构

字段名	类型	是否允许为空值	说明
oID	int(4)	not null	订单 ID，主键，自增长
uID	int(4)	not null	用户 ID
oTime	datetime	not null	下单时间
oTotal	float(8)	not null	订单金额

表 4-19 OrderDetail 表的结构

字段名	类型	是否允许为空值	说明
odID	int(4)	not null	详情 ID，主键，自增长
oID	int(4)	not null	订单 ID
gdID	int(4)	not null	商品 ID
odNum	int(4)	null	购买数量
dEvalution	varchar(8000)	null	商品评价
odTime	datetime	null	评价时间

（2）根据网上商城的数据库设计，为 Eshop 数据库中的数据表添加如下约束。
- 为每张表添加主键约束。
- 根据表间关系，为 goods、orders、OrderDetails 表中的相关列，添加相应的外键约束。
- 为 users 表中的 uName 添加唯一性约束。
- 为 goods 表中的 gdName 添加唯一性约束。

思考与探索

一、判断题

1. 修改表的结构使用 update 命令。　　　　　　　　　　　　　　　　　　（　　）
2. 在一个数据表中可以创建多个主键。　　　　　　　　　　　　　　　　　（　　）

二、单选题

1. 在创建表时,不允许某列为空,可以使用(　　)。
   A. not null　　　　B. no null　　　　C. not blank　　　　D. no blank
2. 下列 SQL 语句中,创建关系数据表的是(　　)。
   A. ALTER　　　　B. CREATE　　　　C. UPDATE　　　　D. INSERT
3. 下列(　　)类型不是 MySQL 中常用的数据类型。
   A. int　　　　　B. var　　　　　C. char　　　　　D. time
4. 显示当前所有数据表的命令为(　　)。
   A. SHOW DATABASES　　　　　　B. SHOW TABLES
   C. SHOW TABLE　　　　　　　　D. DESC
5. 显示表的结构的命令为(　　)。
   A. SHOW TABLES　　　　　　　B. SHOW DATABASES
   C. DESC　　　　　　　　　　　D. SELECT
6. 以下(　　)约束,可以将表中的某一列设置为非空,且不允许输入重复值。
   A. unique　　　B. not null　　　C. primary key　　　D. foreign key
7. 下列不属于设计表时要明确的项目是(　　)。
   A. 列的名称　　　　　　　　　　B. 列的数据类型和宽度
   C. 表中的数据　　　　　　　　　D. 表间的关系
8. 在设计表的时候,对于出生日期(1999-09-09)列最合适的数据类型是(　　)。
   A. datetime　　　B. char　　　　C. int　　　　D. varchar

三、简述题

1. 简述在数据库中如何存储图片、声音或视频等多媒体数据。
2. 常见的约束有哪几种?其应用场景分别是什么?
3. 简述 char 和 varchar 数据类型的区别。

项目 5

添加和修改"学生信息"数据库中的数据

任务情境

"学生信息"数据表创建好后,接下来就要将学生和课程的基本数据输入到相关的数据表中,更新和删除输入错误和发生变化的数据,这些操作最终将转化为对数据表中记录的插入、修改和删除操作。

学习目标

(1)通过本项目的学习,学生能使用 MySQL 命令实现插入、修改和删除数据的操作。

(2)培养学生认真、严谨的职业素养;提高学生对理论知识的灵活运用能力及学生的协作分工能力;培养学生团结协作,包容尊重;培养学生的诚信价值观,使学生具备担当责任心。

知识准备

问题 5-1 插入数据的命令是什么?常用的方法有哪些?

问题 5-2 如何修改数据?

问题 5-3 删除指定条件的数据使用什么命令?

问题 5-4 清除表中所有的数据如何实现?

任务 1 插入数据

任务分析

创建好数据库和数据表后,接下来开发人员就需要向表中插入相应的数据。

任务实施

在操作前要使用 USE 语句将 student 数据库指定为当前数据库,分别向学生档案表、课程信息表和学生成绩表插入数据,具体操作如下。

(1)向 student 数据库中的学生档案表(xsda)录入所有男生数据,学生档案表(xsda)数据见表 5-1。

表 5-1 学生档案表(xsda)数据

sid	sname	sex	birth	nation
202025080101	丁一	男	2001/11/3	汉族
202025080102	马爽	男	1999/1/24	
202025080103	王云龙	男	2000/1/1	朝鲜族
202025080104	王佳	女	2003/8/8	回族
202025080105	王龙军	男	2002/9/12	汉族
202025080106	王雪	女	2002/6/14	回族
202025080107	王鑫	女	2002/2/14	回族
202025080108	吕一航	男	2002/6/28	汉族
202025080109	伊佳	男	2002/5/19	满族
202025080110	刘佳	女	2002/7/6	汉族
202025080111	刘洋	男	2001/4/4	汉族
202025080113	孙英明	女	2002/8/24	朝鲜族
202025080114	孙立志	男	2002/10/28	汉族
202025080115	李梓祥	男	2000/1/1	
202025080116	李浩然	男	2000/1/1	
202025080117	李嘉崎	男	2001/10/19	汉族
202025080118	李东洋	男	2000/1/1	
202025080119	龙宇	男	2000/1/1	
202025080120	宋天惠	男	2002/3/15	汉族
202025080122	张文强	男	2002/5/3	汉族
202025080123	张广哲	男	2002/7/5	汉族
202025080125	陈欣悦	女	2000/1/1	苗族
202025080126	尚杰	男	2000/1/1	
202025080128	周新月	女	2001/9/12	满族
202025080135	韩子琪	男	2000/1/1	回族

添加学生档案表中男生数据的 SQL 语句如下。

```
INSERT xsda(sid,sname,birth,nation)
VALUES(202025080101,'丁一','2001/11/3','汉族'),
(202025080102,'马爽','1999/1/24',NULL),
…,
(202025080135,'韩子琪','2000/1/1','回族');
```

(2)向 student 数据库中的 xsda1 表录入所有女生数据。

INSERT xsda1
VALUES(202025080104,'王佳','女','2003/8/8','回族'),
(202025080106,'王雪','女','2002/6/14','回族'),
…,
(202025080128,'周新月','女','2001/9/12','满族');

(3)将表 xsda1 中所有的数据添加到表 xsda 中。

INSERT INTO xsda
SELECT * FROM xsda1;

(4)向课程信息表(kcxx)录入所有数据。

表 5-2　课程信息表(kcxx)数据

cid	cname	term	chours	credit
104	计算机文化基础	1		
108	C 语言程序设计	1		
201	Java 程序设计	2	90	4
202	JavaScript 程序设计	2	60	4
307	MySQL 数据库	3	60	4
312	AutoCAD	3	60	4

添加课程信息表数据的 SQL 语句如下。

INSERT kcxx
VALUES(104,'计算机文化基础',1,NULL,NULL),
(108,'C 语言程序设计',1, NULL,NULL),
…,
(312,'AutoCAD',3,60,4);

(5)向学生成绩表(xscj)录入数据。

表 5-3　学生成绩表(xscj)数据

sid	cid	score
202025080101	104	100
202025080102	104	98
202025080102	201	99
202025080102	307	85
202025080103	104	95
202025080103	201	85
202025080104	104	100
202025080104	201	60

续表

sid	cid	score
202025080104	307	103
202025080105	104	80
202025080105	201	82
202025080105	307	102
202025080106	104	60
202025080106	201	60
202025080106	307	85
202025080107	104	96
202025080107	201	85
202025080107	307	105
202025080108	104	80
202025080110	104	98
202025080110	201	70
202025080110	307	65

添加学生成绩表数据的 SQL 语句如下。

```
INSERT xscj
VALUES(202025080101,104,100),
(202025080102,104,98),
…,
(202025080110,307,65);
```

任务2　完善数据

任务分析

当数据输入错误或者数据表中的数据发生变化时,需要随时更新数据表中的数据。

任务实施

在操作前要使用 USE 语句将 student 数据库指定为当前数据库,更新 student 数据库中存储的数据,具体操作如下。

(1)将 kcxx 表中"Java 程序设计"课程的学分更改为"6"。

```
UPDATE kcxx
SET credit = 6
WHERE cname = 'Java 程序设计';
```

（2）将 kcxx 表中"计算机文化基础"课程的学时更改为"48"，学分更改为"2"。

```
UPDATE kcxx
SET chours=48,credit=2
WHERE cname='计算机文化基础';
```

（3）将 xscj 表中 307 号课程的成绩每人下调 10 分。

```
UPDATE xscj
SET score=score-10
WHERE cid=307;
```

（4）删除 xsda 表中学号为 202025080105 的学生数据。

```
DELETE FROM xsda WHERE sid=202025080105;
```

运行该语句时，显示如下错误信息。

```
1451 - Cannot delete or update a parent row: a foreign key constraint fails ('student'.'xscj', CONSTRAINT 'xscj_ibfk_2' FOREIGN KEY ('Sid') REFERENCES 'xsda'('sid'))
```

显示错误的原因是外键约束导致删除失败，要删除父表 xsda 中的数据，首先要删除子表 xscj 中相关联的数据。具体操作如下：

```
DELETE FROM xscj WHERE sid=202025080105;
```

删除成功后，再删除 xsda 表中的对应数据。

```
DELETE FROM xsda WHERE sid=202025080105;
```

一、插入数据

开发人员在维护数据时经常需要插入数据，可以以行为单位，一次插入一行记录，也可以一次插入多行记录，还可以将 SELECT 语句的查询结果批量插入数据表中。

1. 插入一条记录

当数据库和数据表创建好以后，接下来向数据表中插入数据，插入单条记录的语法格式如下：

```
INSERT [INTO] 表名[(字段列表)] VALUES(值列表)
```

• 字段列表：指定需要插入的字段名，必须用圆括号将字段列表括起来，字段与字段间用逗号分隔；当向表中的每个字段都提供值时，字段列表可以省略。

• VALUES：引导要插入的数据值列表。对于字段列表中每个指定的列，都必须有一个数据值，且要用圆括号将值列表括起来，VALUES 值列表的顺序必须与字段列表中指定的列一一对应。

【例 5.1】向用户表 users 添加新记录，其中 uID 的值为"1"，uName 的值为"lily"，uPwd 的值为"666"，uSex 的值为"男"。

```
mysql > INSERT INTO users VALUES(1,'lily','666','男');
```

执行上述 SQL 语句,使用 SELECT 语句查看 users 表中的记录,执行结果如下。

```
mysql > SELECT * FROM users;
+-----+-------+------+------+
|uID  |uName  |uPwd  |uSex  |
+-----+-------+------+------+
|  1  |lily   |666   |男    |
+-----+-------+------+------+
1 row in set (0.03 sec)
```

注意:插入记录时,如果该记录中包含了所有字段值,那么可以不指定要插入数据的字段名,只需提供被插入的值即可;值顺序要与表中列的顺序保持一致。

使用该命令插入数据时,可以有选择性地插入某些字段的数据,此时一定要指出插入的数据分别对应的是哪些字段。

【**例 5.2**】 向用户表 users 添加新记录,其中 uName 的值为"Jack",uPwd 的值为"888",uSex 的值为"男"。

```
mysql > INSERT INTO users(uName,uPwd) VALUES('Jack','888');
```

执行上述 SQL 语句,使用 SELECT 语句查看 users 表中的记录,执行结果如下。

```
mysql > SELECT * FROM users;
+-----+-------+------+------+
|uID  |uName  |uPwd  |uSex  |
+-----+-------+------+------+
|  1  |lily   |666   |男    |
|  2  |Jack   |888   |男    |
+-----+-------+------+------+
2 rows in set (0.06 sec)
```

从显示结果可以看出,成功添加了一条记录,且 uID 的值自动编号为"2",性别默认插入为"男"。若字段定义时指定了 AUTO_INCREMENT,则当用户不提供值时,系统会自动编号;若字段定义时指定了默认值,则当用户不提供值,系统会将该字段的默认值插入新的记录中;若字段定义时指定列允许为 NULL,则当用户不提供值时,系统会默认将 NULL 插入新记录中。

注意:向表中插入记录时,表中标识为 NOT NULL 且无默认值或自增长的字段必须提供值,否则将插入失败。

2. 插入多条记录

使用 INSERT 关键字插入数据时,一次可以插入多条记录,语法格式如下。

```
INSERT [INTO] 表名[(字段列表)] VALUES(值列表1)[,(值列表2),…,(值列表 n)];
```

其中,[,(值列表2),…(值列表 n)]为可选项,表示多条记录对应的数据。每个值列表都必须用圆括号括起来,列表间用逗号分隔。

【例5.3】 向用户表users添加3条新记录。

```
INSERT users(uName,uPwd,uSex)
VALUES('Tom','111','男'),('Rose','222','女'),('Alan','333','男');
```

执行上述SQL语句,使用SELECT语句查看users表中的记录,执行结果如下。

```
mysql > SELECT * FROM users;
+------+--------+------+------+
| uID  | uName  | uPwd | uSex |
+------+--------+------+------+
|  1   | lily   | 666  | 男   |
|  2   | Jack   | 888  | 男   |
|  3   | Tom    | 111  | 男   |
|  4   | Rose   | 222  | 女   |
|  5   | Alan   | 333  | 男   |
+------+--------+------+------+
5 rows in set (0.07 sec)
```

从显示结果可以看出,有3条记录成功添加到表中。

注意:字符型和日期时间型数据要用单引号括起来。

3. 插入其他表的数据

INSERT语句可以将一个表中查询出来的数据插入另一个表中,这样可以方便不同表之间进行数据交换,其语法格式如下。

```
INSERT [INTO] 表名[(字段列表1)]
SELECT 字段列表2 FROM 源数据表 WHERE 条件表达式;
```

其含义为将源数据表的记录插入目标数据表中,要求字段列表1和字段列表2中的字段个数是一样的,且每个对应的字段的数据类型必须相同。SELECT子句表示数据检索,WHERE子句表示检索条件。

【例5.4】 将表users中的男生添加到表myUsers1中。

(1) 为了能正确向users表中插入数据,先用DESC分别查看users和myUsers1的表结构,执行结果如下。

```
mysql > DESC users;
+-------+-------------+------+-----+---------+----------------+
| Field | Type        | Null | Key | Default | Extra          |
+-------+-------------+------+-----+---------+----------------+
| uID   | int(11)     | NO   | PRI | NULL    | auto_increment |
| uName | varchar(30) | NO   | UNI | NULL    |                |
| uPwd  | varchar(30) | NO   |     | NULL    |                |
| uSex  | char(1)     | YES  |     | 男      |                |
+-------+-------------+------+-----+---------+----------------+
4 rows in set (0.06 sec)
```

```
mysql > DESC myUsers1;
+--------+---------------+------+-----+---------+----------------+
|Field   |Type           |Null  |Key  |Default  |Extra           |
+--------+---------------+------+-----+---------+----------------+
|uID     |int(11)        |NO    |PRI  |NULL     |auto_increment  |
|uPswd   |varbinary(20)  |YES   |     |NULL     |                |
|uName   |varchar(30)    |YES   |     |NULL     |                |
|uSex    |char(1)        |YES   |     |NULL     |                |
+--------+---------------+------+-----+---------+----------------+
4 rows in set (0.04 sec)
```

通过显示结果可以看出,两个表虽然包含的列的内容和个数是一致的,但是列的顺序不同。

(2) 查询出 users 表中 uSex 值为"男"的记录,将查询的结果集添加到 myUsers1 表中。SQL 语句的代码如下。

```
INSERT INTO myUsers1(uName,uPswd,uSex)
SELECTuN ame,uPwd,uSex
FROM users
WHERE uSex = '男';
```

执行结果显示,有 4 条记录成功插入 users 表中,通过 SELECT 语句查看 myUsers1 表,验证结果如下。

```
mysql > SELECT *  FROM myUsers1;
+-----+-------+-------+------+
|uID  |uPswd  |uName  |uSex  |
+-----+-------+-------+------+
| 1   |666    |lily   |男    |
| 2   |888    |Jack   |男    |
| 3   |111    |Tom    |男    |
| 4   |333    |Alan   |男    |
+-----+-------+-------+------+
4 rows in set (0.06 sec)
```

查询结果显示,4 条数据从 users 表中复制到了 myUsers1 表。

二、修改数据

UPDATE 语句用于更新数据表中的数据。利用该语句可以修改表中的一行或多行数据。其语句格式如下。

```
UPDATE 表名
SET 字段名 1 = 值 1[,字段名 2 = 取值 2,…,字段名 n = 取值 n]
[WHERE 条件表达式];
```

其中,字段名 n 表示需要更新的字段名称,n 表示为待更新的字段提供的新数据,关键字 WHERE 引导更新记录需满足的条件。SET 子句将根据 WHERE 子句中指定的条件对符合条件的数据进行修改,若不设定 WHERE 子句,则更新所有记录。

【例 5.5】将 users 表中的"lily"用户的性别改为"女"。

```
UPDATE users
SET uSex = '女'
WHERE uName = 'lily';
```

通过 SELECT 语句查看 users 表,执行结果如下。

```
mysql> SELECT *  FROM users;
+-----+--------+------+------+
| uID | uName  | uPwd | uSex |
+-----+--------+------+------+
|  1  | lily   | 666  | 女   |
|  2  | Jack   | 888  | 男   |
|  3  | Tom    | 111  | 男   |
|  4  | Rose   | 222  | 女   |
|  5  | Alan   | 333  | 男   |
+-----+--------+------+------+
5 rows in set (0.07 sec)
```

从显示结果可以看出,uName 为"lily"的记录的 uSex 值更新修改为"女"。

【例 5.6】将 users 表中所有用户密码 uPwd 都重置为"888"。

```
mysql> UPDATE users SET uPwd = '888';
Query OK, 4 rows affected (0.01 sec)
Rows matched: 5  Changed: 4  Warnings: 0
```

从显示结果可以看出,4 行数据受到影响,数据匹配成功 5 行,4 条记录发生改变。

三、删除数据

删除数据是指删除表中不再需要的记录。MySQL 中使用 DELETE 或 TRUNCATE 语句来删除数据。

1. 使用 DELETE 语句删除数据

语法格式如下。

```
DELETE FROM 表名 [WHERE 条件表达式];
```

其中,WHERE 子句用于指定删除的条件,省略 WHERE 子句则表示删除该表的所有行;删除数据要确保该数据记录没有被其他表引用。

【例 5.7】删除 myUsers1 表中 uName 为"lily"的记录。

```
DELETE FROM myUsers1 WHERE uName = 'lily';
```

通过 SELECT 语句查看 myUsers1 表,执行结果如下。

```
mysql > SELECT * FROM myUsers1;
+-----+-------+-------+------+
| uID | uPswd | uName | uSex |
+-----+-------+-------+------+
|  2  | 888   | Jack  | 男   |
|  3  | 111   | Tom   | 男   |
|  4  | 333   | Alan  | 男   |
+-----+-------+-------+------+
3 rows in set (0.06 sec)
```

在执行删除操作时,表中若有多条记录满足条件,则都会被删除。

【例 5.8】 删除 myUsers1 表所有记录。

```
mysql > DELETE FROM myUsers1;
Query OK, 3 rows affected (0.01 sec)
```

通过 SELECT 语句查看 myUsers1 表,执行结果如下。

```
mysql > SELECT * FROM myUsers1;
Empty set
```

从显示结果可以看出,记录集为空,表示所有数据都被删除了。

使用 DELETE 删除记录后,再向表中添加新记录时,标识为 AUTO_INCREMENT 的字段值会从断点开始继续自增。

【例 5.9】 向 myUsers1 表中插入 3 条记录。

```
INSERT myUsers1(uName,uPswd,uSex)
VALUES('Tom','111','男'),('Rose','222','女'),('Alan','333','男');
```

执行上述 SQL 语句,并通过 SELECT 语句查看 myUsers1 表,执行结果如下。

```
mysql > SELECT * FROM myUsers1;
+-----+-------+-------+------+
| uID | uPswd | uName | uSex |
+-----+-------+-------+------+
|  5  | 111   | Tom   | 男   |
|  6  | 222   | Rose  | 女   |
|  7  | 333   | Alan  | 男   |
+-----+-------+-------+------+
3 rows in set (0.08 sec)
```

从显示结果可以看到,3 条记录成功插入表中。记录的 uID 顺序从原存在的记录序号继续自增。

2. 使用 TRUNCATE 语句删除数据

使用 TRUNCATE 语句可以无条件删除表中的所有记录,语法格式如下。

```
TRUNCATE [TABLE] 表名;
```

【例 5.10】清空 myUsers1 表所有记录。

```
TRUNCATE myUsers1;
```

执行上述 SQL 语句,并通过 SELECT 语句查看 myUsers1 表,执行结果如下。

```
mysql > SELECT *  FROM myUsers1;
Empty set
```

从显示结果可以看出,记录集为空,表示所有数据都被删除。此时再向表中插入记录时,uID 的值会从 1 开始进行自增。

【例 5.11】向 myUsers1 表中插入 3 条记录。

```
INSERT myUsers1(uName,uPswd,uSex)
VALUES('Tom','111','男'),('Rose','222','女'),('Alan','333','男');
```

执行上述 SQL 语句,并通过 SELECT 语句查看 myUsers1 表,执行结果如下。

```
mysql > SELECT *  FROM myUsers1;
+-----+-------+-------+------+
|uID  |uPswd  |uName  |uSex  |
+-----+-------+-------+------+
| 1   |111    |Tom    |男    |
| 2   |222    |Rose   |女    |
| 3   |333    |Alan   |男    |
+-----+-------+-------+------+
3 rows in set (0.08 sec)
```

从显示结果可以看到,3 条记录成功插入表中。记录的 uID 顺序是从 1 开始自增的。

DELETE 语句和 TRUNCATE 语句都能实现删除表中所有数据,它们的主要区别如下。

• DELETE 语句可以删除满足条件的记录;TRUNCATE 语句只能清除表中所有记录。

• TRUNCATE 语句清除表中记录后,再向表中插入记录时,自增长列默认初始值重新从 1 开始;DELETE 语句删除表中所有记录后,再向表中添加记录时,自增长列的值会在该字段删除前的最大值的基础上加 1 开始编号。

• DELETE 语句每删除一行记录都会记录在系统操作日志中;TRUNCATE 语句清空数据时,不会在日志中记录删除内容。若要清除表中所有数据,TRUNCATE 语句效率要高于 DELETE 语句。

任务评价表

技能目标	插入数据;修改数据;删除数据			
综合素养 自我评价	需求分析能力	数据插入,修改和删除的能力	排查错误能力	团队协作能力

使用 MySQL 图形化管理工具 Navicat 插入、修改和删除数据

为 student 数据库中的 kcxx 表更新数据,操作步骤如下。

(1)打开 Navicat 中 student 数据库下的"表"选项,在对象窗口中选择表 kcxx,右击,在弹出的快捷菜单中选择"打开表"命令,如图 5-1 所示。

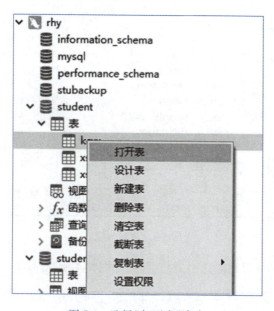

图 5-1 选择"打开表"命令

(2)弹出"数据编辑"界面,如图 5-2 所示。

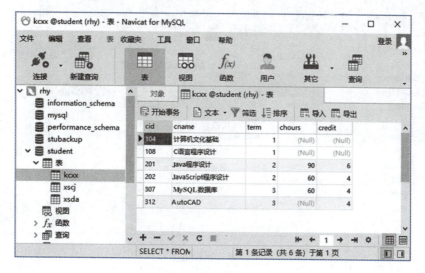

图 5-2 "数据编辑"界面

(3)单击"+"按钮,会在所有数据的后面添加一个空行,可以在这个位置添加数据,如图 5-3 所示。

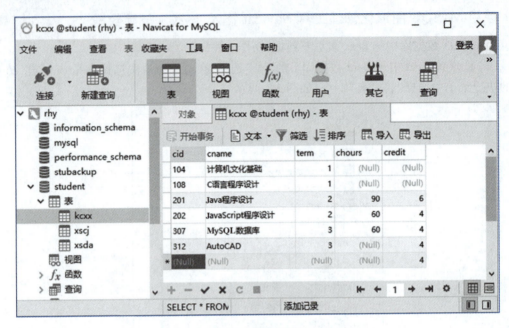

图 5-3　添加数据

(4)单击"-"按钮,可以删除选中的数据行,如图 5-4 所示。

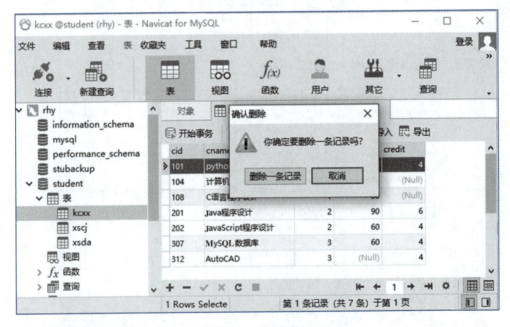

图 5-4　删除数据

(5)单击要修改的数据位置,显示插入符后,便可以修改数据,如图 5-5 所示。

项目 5 添加和修改"学生信息"数据库中的数据

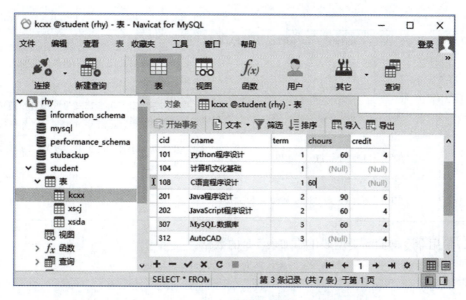

图 5-5 修改数据

(6)完成数据的录入后,单击窗口的"关闭"按钮,即可自动保存数据。

项目实践

1. 实践任务

添加和修改网上商城数据库中的数据。

2. 实践目的

(1)学会使用 INSERT 语句向数据表中添加数据。
(2)学会使用 UPDATE 语句更新数据表中的数据内容。
(3)学会使用 DELETE 语句删除表中的数据。
(4)学会使用 TRUNCATE 语句清空表中的数据。

3. 实践内容

(1)使用命令向商品表中添加表 5-4 的数据。

表 5-4 商品表(goods)数据

gdID	tID	gdCode	gdName	gdPrice	gdQuantity	gdInfo
1	1	001	迷彩帽	63	1500	透气夏天棒球帽、鸭舌帽、网帽、迷彩帽、太阳帽、防晒韩版休闲遮阳帽
2	2	003	牛肉干	94	200	一般是用黄牛肉腌制而成的肉干。携带方便,有丰富的营养
3	2	004	零食礼包	145	17900	养生零食、孕妇零食、减肥零食、办公室闲趣零食、居家休闲零食等
4	1	005	运动鞋	400	1078	运动、健康等

续表

gdID	tID	gdCode	gdName	gdPrice	gdQuantity	gdInfo
5	5	006	咖啡壶	50	245	冲煮咖啡的器具,是欧洲最早的发明之一,1685年法国问世
6	1	008	A 字裙	128	400	2016 秋季新品韩版高腰显瘦圆环拉链 A 字半身裙双口袋包臀短裙
7	5	009	LED 小台灯	29	100	皮克斯 LED 小台灯护眼学习 YY 主播灯光直播补光电脑桌办公
8	3	010	华为 P9_PLUS	3980	20	【买就送 Type C 转接头】Huawei/华为 P9 plus 全网通手机

(2)使用命令向商品类型表中添加表 5-5 的数据。

表 5-5　商品类型表(GoodsType)数据

tID	tName
1	服饰
2	零食
3	电器
4	书籍
5	家居

(3)使用命令向用户表中添加表 5-6 的数据。

表 5-6　用户表(users)数据

uID	uName	uPwd	uSex	uBirth	uPhone
1	郭炳颜	123	男	1994/12/28	17598632598
2	蔡准	123	男	1998/10/28	14786593245
3	段湘林	123	男	2000/3/1	18974521635
4	盛伟刚	123	男	1994/4/20	13598742685
5	李珍珍	123	女	1989/9/3	14752369842
6	常浩萍	123	女	1985/9/24	16247536915
7	柴宗文	123	男	1983/2/19	18245739214
8	李莎	123	女	1994/1/24	17632954782
9	陈瑾	123	女	2001/7/2	15874269513
10	次旦多吉	123	男	2008/12/23	17654289375
11	冯玲芬	123	女	1983/9/12	19875236942
12	范丙全	123	男	1984/4/29	17652149635

(4)使用命令向订单表中添加表5-7的数据。

表5-7 订单表(orders)数据

oID	uID	oTime	oTotal
1	1	2017/12/4 8:45	83
2	3	2017/12/4 8:45	144
3	9	2017/12/4 8:45	29
4	8	2017/12/4 8:45	1049
5	4	2017/12/4 8:45	557
6	3	2017/12/4 8:45	1049

(5)使用命令向订单明细表中添加表5-8的数据。

表5-8 订单明细表(OrderDetails)数据

odID	oID	gdID	odNum	dEvalution	odTime
1	1	1	1	式样依旧采用派克式,搭配奔尼帽,但上衣和裤子的贴袋与第一次配发的有所不同	2021/12/4 8:45:00
2	1	1	1	看封面图好看,打算买一本,但是之前看过很多封面好看	2021/01/14 09:05:00
3	2	3	1	朋友都说不错,很值	2022/02/09 18:15:04
4	2	6	1	果然一分钱一分货,版型超好	2022/5/04 07:35:12
5	6	9	1	性价比很高,这样的价能买到这质量非常不错	2022/12/07 10:35:25
6	5	3	1	虽然还没有到手上,不过爸爸说不错	2023/02/04 11:25:26
7	4	5	1	最近太忙了,确认晚了,东西是好的,呵呵	2022/12/5 18:45:00
8	4	8	1	很棒的衣服,很好的服务,谢谢	2022/12/14 18:45:00
9	4	9	1	听同事介绍来的,都说质量不错,下次还来你家,呵呵	2017/12/04 08:45:00
10	3	6	1	虽然还没有到手上,不过爸爸说不错	2017/01/04 08:45:24

(6)修改 goods 表中商品编号为"009"的商品库存为"105"。

(7)删除 goods 表中商品名称为"华为 P9_PLUS"的商品。

思考与探索

一、判断题

1. 使用 ALTER 命令修改或更新表中的数据。　　　　　　　　　　　　　　(　　)
2. 使用 DROP 命令删除表中的数据。　　　　　　　　　　　　　　　　　(　　)

二、单选题

1. 要快速清空一张表的数据,可以使用下列哪条语句?(　　　)

A. DELETE TABLE B. TRUNCATE TABLE
C. DROP TABLE D. CLEAR TABLE

2. 下列关于 TRUNCATE TABLE 描述不正确的是( )。
   A. TRUNCATE 语句将清除表中的所有数据
   B. 表中包含 AUTO_INCREMENT 列,使用 TRUNCATE TABLE 语句可以重置序列值为该列的初始值
   C. TRUNCATE 操作比 DELETE 操作占用资源多
   D. TRUNCATE TABLE 语句删除表,然后重新构建表

3. 删除表中指定的某一条数据可以使用( )命令。
   A. DROP   B. DELETE   C. TRUNCATE   D. PACK

4. 修改表中的数据可以使用( )命令。
   A. CHANGE   B. MODIFY   C. ALTER   D. UPDATE

三、简述题

1. 向表中插入数据时,什么样的列的值可以省略?
2. 删除表中数据时,DELETE 和 DROP 命令有哪些区别?

项目 6

查询"学生信息"数据库中的数据

任务情境

"学生信息"数据库中存储了各类信息,在实际系统使用过程中,不同的用户对不同的信息感兴趣,为了满足用户的不同需求,开发团队需要提供相应的查询和汇总等功能。

学习目标

(1)通过本项目的学习,学生能够运用 SELECT 语句实现单表查询、多表查询,能够实现数据的排序、分类和统计等操作。

(2)鼓励学生拓展思路、勇于创新;培养学生认真严谨、精益求精的科学精神;激发学生不怕困难,积极勇于担当的精神。

知识准备

问题 6-1　如何实现条件查询?

问题 6-2　如何实现数据的分类和统计?

问题 6-3　如何进行排序?

问题 6-4　什么情况需要使用内连接?如何实现内连接查询?

问题 6-5　什么情况需要使用外连接?如何实现外连接查询?

问题 6-6　什么情况需要使用子查询?如何实现子查询?子查询的执行过程包括哪些?

任务 1　单表查询

任务分析

在实际应用中,经常要从数据表中提取出需要的数据,这就是查询。查询是数据库系统中最常用、最重要的功能,它为用户快速、方便地使用数据库中的数据提供了一种有效的方法。当查询的数据来源于单个数据表时,通常进行单表查询。

任务实施

按需求查询数据库 student 的表 xsda、xscj、kcxx。

(1) 查询 xsda 表不是汉族的学生的姓名和民族。

```sql
SELECT sname,nation FROM xsda WHERE nation < > '汉族';
```

(2) 查询 xscj 表中成绩在 80~100 分(包括 80 分和 100 分)的学生的学号、课程编号和成绩。

```sql
SELECT sid,cid,score FROM xscj WHERE score BETWEEN 80 AND 100;
```

(3) 查询 xscj 表中选修 307 号课程且成绩在 80 分(包括 80 分)以上的学生记录。

```sql
SELECT sid,cid,score FROM xscj WHERE cid = 307 AND score > = 80;
```

(4) 查询 xsda 表中姓"王"或姓"张"的同学的信息。

```sql
SELECT * FROM xsda WHERE sname LIKE '王%' OR sname LIKE '张%';
```

(5) 查询 kcxx 表中学分不为空的课程信息。

```sql
SELECT * FROM kcxx WHERE credit IS NOT NULL;
```

(6) 查询 kcxx 表中第 3 学期开课的课程的所有信息,结果按学分降序排序。

```sql
SELECT * FROM kcxx WHERE term = 3 ORDER BY credit DESC;
```

(7) 查询 xsda 表中年龄最大的三名学生的学号、姓名和出生日期。

```sql
SELECT sid, sname, birth FROM xsda ORDER BY birth LIMIT 3;
```

任务 2 分类汇总

任务分析

在"学生信息管理系统"中经常需要对查询结果进行分类、汇总或计算。例如,要统计某个学生的成绩、统计某门课程的平均成绩、最高分等。使用聚合函数可以进行汇总查询,使用 GROUP BY 子句和 HAVING 子句可以进行分组和分组后筛选。

任务实施

按需求查询数据库 student 的表 xsda、xscj、kcxx。

(1) 查询选修 307 号课程的学生的平均成绩、最高分、最低分。

```sql
SELECT sid,AVG(score) '平均成绩',MAX(score) '最高分',MIN(score) '最低分'
FROM xscj
WHERE cid = 307;
```

(2) 查询选修每门课程的学生人数及平均成绩。

```
SELECT cid,COUNT(*) '人数',AVG(score) '平均成绩'
FROM xscj
GROUP BY cid;
```

(3) 查询选修课程超过 3 门且成绩都在 80 分以上的学生的学号和课程门数。

```
SELECT sid,count(*) '门数'
FROM xscj
WHERE score >=80
GROUP BY sid
HAVING count(*) >=3;
```

(4) 分别统计各男女生的人数。

```
SELECT sex,COUNT(*) AS '人数'
FROM xsda
GROUP BY sex;
```

(5) 查询每学期开设课程的总学分。

```
SELECT term,SUM(credit) AS '总学分'
FROM kcxx
GROUP BY term;
```

任务 3　多表查询

任务分析

在实际应用中,数据查询的要求通常要设计多张数据表,连接查询是多表查询的一种有效手段,它可以同时查询出多个数据表中相关的数据信息。

任务实施

按需求查询 Student 数据库中的各个表。

(1) 查询选修了"MySQL 数据库"课程的学生的平均成绩。

```
SELECT cname,AVG(score)
FROM kcxx x JOIN xscj j
ON x.cid=j.cid
WHERE cname='MySQL 数据库';
```

(2) 查询选修了"MySQL 数据库"课程且成绩在 80 分及以上的学生的学号、姓名、课程名及成绩。

```
SELECT a.sid,sname,cname,score
FROM xsda a JOIN xscj j
ON a.sid=j.sid
JOIN kcxx x
ON j.cid=x.cid
WHERE cname='MySQL 数据库' and score>=80;
```

（3）查询没有选修任何课程的学生的学号和姓名。

```
SELECT a.sid,sname
FROM xsda a LEFT JOIN xscj j
ON a.sid=j.sid WHERE cid IS NULL;
```

（4）查询选修了307号课程且其分数在该课程平均成绩以上的学生的学号、姓名和成绩。

```
SELECT xscj.sid,sname,score
FROM xsda JOIN xscj
ON xscj.sid=xsda.sid
WHERE xscj.cid=307
AND score>(
SELECT AVG(score)
FROM xscj
WHERE xscj.cid=307);
```

（5）创建一个优秀学生表goodstu，用于存放平均成绩不低于80分的学生的学号、姓名和平均成绩。

```
CREATE TABLE goodstu
SELECT xsda.sid,sname,AVG(score)
FROM xsda JOIN xscj
ON xsda.sid=xscj.sid
GROUP BY xscj.sid
HAVING AVG(score)>=80;
```

（6）查询选修了104号课程的学生的学号、姓名和平均成绩。

```
SELECT xsda.sid,sname,AVG(score)
FROM xsda JOIN xscj
ON xsda.sid=xscj.sid
WHERE cid=104;
```

（7）查询选修104号课程的学生的学号，要求他的成绩不低于所有选修307号课程的学生的最低成绩。

```
SELECT sid FROM xscj
WHERE cid=104
AND score>ANY(
SELECT score
FROM xscj
WHERE cid=307);
```

(8) 查询比刘佳年龄小的学生的姓名和出生日期。

```
SELECT sname,birth
FROM xsda
WHERE birth > (
SELECT birth
FROM xsda
WHERE sname = '刘佳');
```

(9) 查询选修了"MySQL 数据库"课程的学生的姓名。

```
SELECT sname
FROM xsda
WHERE sid IN (
SELECT sid
FROM xscj
WHERE cid IN(
SELECT cid
FROM kcxx
WHERE cname = 'MySQL 数据库')
);
```

知识储备

一、单表查询

创建数据库的主要目的是存储、查询和管理数据,能按需求查询数据是数据库的重要功能之一,可以使用 SELECT 语句实现数据的查询,基本语法格式如下。

```
SELECT 字段列表
FROM 源表名
[WHERE 条件]
[GROUP BY 列名 [HAVING 条件]]
[ORDER BY 列名 [ASC |DESC],…]
[LIMIT 记录数];
```

语法说明如下。

- SELECT 子句:表示从表中查询指定的列。
- FROM 子句:表示查询的数据源,可以是表也可以是视图。
- WHERE 子句:用于指定查询的筛选条件。
- GROUP BY 子句:用于将查询结果按指定的列进行分组,其中,HAVING 用于对分组后的结果集进行筛选。
- ORDER BY 子句:用于对查询结果集按指定的列进行排序。ASC 表示按升序排序,DESC 表示按降序排列。
- LIMIT 子句:用于限制查询结果集的行数。记录数表示结果集中包含的记录条数。

注意:SELECT 语句中,用"[ ]"表示的部分均为可选项,语句中的各子句必须按照规定的顺序书写。

1. 查询所有列

在 SELECT 子句中,使用"*"可以从指定表中查询所有列。

【例 6.1】 查询 xsda 表中所有学生的所有列的信息。

```
SELECT * FROM xsda;
```

注意:除非需要使用表中所有列的数据,一般不建议使用"*"查询数据,以免由于获取的数据过多而降低查询性能。

2. 查询指定的列

在 SELECT 后列出需要查询的列名,并用逗号分隔,查询结果将按照指定的顺序显示相应列的内容。

【例 6.2】 查询 xsda 表中所有学生的学号、姓名和性别。

```
SELECT sid,sname,sex
FROM xsda;
```

3. 改变查询结果的列标题

为提高代码的可读性,更好地为应用程序服务,有时有必要更改列的标题,可以使用 AS 关键字更改结果集中的列标题。

【例 6.3】 在 xscj 表中查询选修课程的学生的学号,选修的课程编号和相应的成绩。

```
SELECT sid AS 学号,cid AS 课程编号,score AS 成绩
FROM xscj;
```

注意:此处的 AS 关键字可以省略;当指定的列标题中包含空格时,需要使用单引号将列标题括起来。

4. 计算列值

在使用 SELECT 进行查询时,还可以通过函数、常量、变量等表达式的计算作为查询的结果列。

【例 6.4】 查询 xsda 表中学生的姓名和年龄。

从 xsda 的表结构可以看到,表中存在"birth"列,可以和当前日期计算出年龄。编写的 SQL 查询语句如下:

```
SELECT sname 姓名,year(now())-year(birth) 年龄
FROM xsda;
```

其中,函数 year()的功能是返回指定日期的年份;函数 now()的功能是返回系统当前的日期时间。

注意:在数据库设计过程中,为减少数据冗余,凡能通过已知列计算所得的数据一般不再提供列存储。

5. 消除查询结果的重复行

将 DISTINCT 关键字写在指定的列名的前面,可以消除该列的重复行。

【例 6.5】 查询 xsda 表中的学生来自哪几个民族?

```
SELECT DISTINCT nation
FROM xsda;
```

6. 限制查询结果返回的行数

如果 SELECT 语句返回的结果集中的行数特别多,不利于信息的整理和统计,那么可以使用 LIMIT 选项限制其返回的行数。其语法格式如下。

```
LIMIT 行数
或
LIMIT 起始行的偏移量,返回的行数
```

语法说明如下。
- 偏移量和行数都必须是非负整数。
- 起始行的偏移量是指返回结果集中的第一行记录在数据表中的绝对位置,注意数据表中第一行的偏移量为"0"。
- 返回的行数指返回多少行记录。例如,"LIMIT 4"指返回结果集中最前面的 4 行,而"LIMIT 2,4"表示从第 3 行记录开始共返回 4 行记录。

【例 6.6】 查询 xscj 表中选修课程的学生的学号、课程编号和成绩,只返回前 10 行。

```
SELECT sid,cid,score
FROM xscj
LIMIT 10;
```

【例 6.7】 查询 xscj 表中选修课程的学生的学号、课程编号和成绩,显示从第 11 条记录开始的 5 行记录。

```
SELECT sid,cid,score
FROM xscj
LIMIT 10,5;
```

7. 使用 WHERE 子句限制查询条件

在实际应用中,应用程序只需获取满足用户的数据,因而在查询数据时通常会指定查询条件,以筛选出用户所需的数据,这种查询方式称为选择行。

在 SELECT 语句中,查询条件由 WHERE 子句指定。其语法格式如下。

```
WHERE <查询条件>
```

其中,查询条件是一个逻辑表达式,可以包含的运算符有比较运算符、逻辑运算符、LIKE 运算符、BETWEEN AND 运算符、IS NULL 运算符、IN 运算符等。

(1) 使用比较运算符。

比较运算符是筛选条件中常用的运算符。使用比较运算符可以比较两个表达式的大小,常用的比较运算符见表 6-1。

表6-1　常用的比较运算符

运算符	含　义	运算符	含　义
=	等于	< > 或! =	不等于
>	大于	<	小于
> =	大于或等于	< =	小于或等于

【例6.8】查询xsda表中所有女生的姓名和性别。

```
SELECT sname,sex
FROM xsda
WHERE sex = '女';
```

【例6.9】查询xsda表中2002年后出生的学生的姓名和出生日期。

```
SELECT sname,birth
FROM xsda
WHERE year(birth) > =2002;
```

(2)使用逻辑运算符。

逻辑运算符可以将两个或两个以上的条件表达式组合起来形成逻辑表达式,常用的逻辑运算符见表6-2。

表6-2　常用的逻辑运算符

运算符	功　能
AND 或 &&	逻辑与,连接的表达式若全部为真,则结果为1,否则为0
OR 或 ||	逻辑或,连接的表达式若只要有一个为真,则结果为1,否则为0
NOT	逻辑非,放在表达式的前面,对指定的表达式的值取反

使用逻辑运算符实现对查询条件限定时,语法格式如下。

```
WHERE [NOT] 表达式1　逻辑运算符 表达式2
```

【例6.10】查询xsda表中汉族的男生的姓名、性别和民族。

```
SELECT sname,sex,nation
FROM xsda
WHERE sex = '男' AND nation = '汉族';
```

注意:AND和OR运算符可以一起使用,但AND的运算符优先级高于OR,当两者一起使用时会先运算AND两侧的条件表达式,再运算OR两侧的条件表达式。

【例6.11】查询xsda表中汉族的男生或回族的学生的姓名、性别和民族。

```
SELECT sname,sex,nation
FROM xsda
WHERE sex = '男' AND nation = '汉族' OR nation = '回族';
```

(3)使用BETWEEN AND运算符。

使用BETWEEN关键字可以方便地限制查询数据的范围,语法格式如下。

WHERE 表达式[NOT] BETWEEN 表达式1 AND 表达式2

【例6.12】 查询xsda表中在2002年出生的学生的姓名、性别和出生日期。

```
SELECT sname,sex,birth
FROM xsda
WHERE birth BETWEEN '2002-01-01' AND '2002-12-31';
```

注意：使用BETWEEN…AND的范围比较，等价于由AND运算符连接两个比较运算符组成的表达式，但BETWEEN搜索条件的语法更简化，表达式1的值不能大于表达式2的值，且查询结果包括两端数据的值。

（4）使用IN运算符。

IN运算符与BETWEEN AND运算符类似，用来限制查询数据的范围，语法格式如下：

WHERE 表达式 [NOT] IN (值1,值2,…,值n)

【例6.13】 查询xsda表中"朝鲜族""满族"和"蒙古族"的学生的姓名、性别和民族。

```
SELECT sname,sex,nation
FROM xsda
WHERE nation IN ('朝鲜族','蒙古族','满族');
```

注意：使用IN运算符比较，等价于由OR运算符连接多个表达式，但使用IN运算符构建搜索条件的语法更简单。不允许在值列表中出现NULL值数据。

（5）使用LIKE运算符。

在实际应用中，用户不是总能够给出精确的查询条件。因此，经常需要根据一些不确切的线索来搜索信息，这就是模糊查询。模糊查询需要使用LIKE运算符来实现对查询条件的限定，语法格式如下：

WHERE 列名 [NOT] LIKE '字符串'

其中，与LIKE运算符同时使用的是通配符，MySQL中通配符释义见表6-3。

表6-3 通配符释义

通配符	用　　途
%（百分号）	代表0个或多个任意字符
_（下画线）	代表单个的任意字符

【例6.14】 查询xsda表中姓"李"的学生的姓名、性别和出生日期。

```
SELECT sname,sex,birth
FROM xsda
WHERE  sname LIKE '李%';
```

注意：所有通配符都只有在LIKE子句中才有意义，否则通配符会被当作普通字符处理；MySQL中字符的比较不区分大小写；如果查询条件本身包含通配符时，那么必须使用转义字符来实现，默认的转义字符为"\"。

【例6.15】 查询xsda表中姓名里带有"_"的学生的姓名、性别和出生日期。

```
SELECT SELECT sname,sex,birth
FROM xsda
WHERE    sname LIKE '%\_%';
```

此处,"\"为转义字符,使得后面的"_"失去了通配符的作用,变成了普通的"_"。

(6)使用 IS NULL 运算符。

当未给表中的列提供数值时,系统自动将其设置为空值。IS NULL 关键字实现表达式和空值的比较,语法格式如下。

```
WHERE 列名 IS[NOT] NULL
```

【例6.16】 查询 xsda 表中民族为空的学生的情况。

```
SELECT *
FROM xsda
WHERE nation IS NULL
```

注意:IS 不能用"="替代,NULL 不等同于数值 0 或空字符。不能使用比较运算符或者 LIKE 运算符对空值进行判断。

8.使用聚合函数

聚合函数用于统计表中的数据,并返回单个统计结果。MySQL 提供的常用的聚合函数见表6-4。

表6-4 常用的聚合函数

函数名	功 能	函数名	功 能
SUM(表达式)	返回表达式中所有值的和	MAX(表达式)	返回表达式中所有值的最大值
AVG(表达式)	返回表达式中所有值的平均值	MIN(表达式)	返回表达式中所有值的最小值
COUNT(表达式)	用于统计组中满足条件的行数		

下面将详细介绍这五个函数的使用方法。
1)SUM、AVG、MAX 和 MIN 函数
语法格式如下。

```
SUM/AVG/MAX/MIN ([ALL|DISTINCT]表达式)
```

注意:

(1)表达式可以是常量、列、函数或表达式。如果是 SUM 或 AVG 函数,那么其数据类型只能是数值型的;如果是 MAX 或 MIN 函数,那么数据类型可以是数值型、字符型和日期时间型。

(2)ALL 表示对所有值进行聚合运算,默认为 ALL。DISTINCT 表示去除重复值后,再进行聚合运算。

(3)SUM/AVG/MAX/MIN,均为忽略 NULL 值的运算。

【例6.17】 求学号为"202025080106"的学生选修的课程的平均成绩。

```
SELECT AVG(score) AS '202025080106 学生的平均成绩'
FROM xscj
WHERE sid=202025080106;
```

注意：使用聚合函数作为 SELECT 的选择列时，若不为其指定列标题，则系统将默认输出标题"（无列名）"。

【例6.18】求选修104号课程的最高分和最低分。

```
SELECT MAX(score) 104 号课程的最高分,MIN(score) 104 号课程的最低分
FROM xscj
WHERE cid=104;
```

2) COUNT 函数

语法格式如下。

```
COUNT ([ALL |DISTINCT]表达式 |*)
```

注意：
- 表达式的数据类型是除 uniqueidentifier、text、image、ntext 之外的任何类型。
- ALL 和 DISTINCT 的含义及默认值与其他聚合函数相同。
- COUNT(*)将统计表中满足条件的行的总数，不能与 DISTINCT 一起使用。
- COUNT(列名)统计行数时会忽略指定列中 NULL 值。

【例6.19】在 xsda 表中统计汉族学生的总人数。

```
SELECT COUNT(*) AS '汉族学生总人数'
FROM xsda
WHERE nation = '汉族'
```

【例6.20】在 xscj 表中统计选修了课程的学生的总人数。

```
SELECT COUNT(DISTINCT sid) AS '选修课程的学生总人数'
FROM xscj;
```

9. GROUP BY 子句

在实际应用中，常常需要把查询对象按照一定的条件划分成若干组，然后对组内的数据进行汇总统计，这可以使用 GROUP BY 子句来实现。GROUP BY 子句可以根据一个或多个列进行分组，也可以根据表达式进行分组，常和聚合函数一起使用。

【例6.21】求 xsda 表中的男女生人数。

```
SELECT sex,COUNT(*) AS '人数'
FROM xsda
GROUP BY sex;
```

【例6.22】分别统计 xsda 表中各民族男女生分别有多少人。

```
SELECT nation,sex,COUNT(*) AS '人数'
FROM xsda
GROUP BY nation,sex;
```

10. HAVING 子句

HAVING 子句用在 GROUP BY 子句后，用于过滤分组后的结果。

【例6.23】查询 xscj 表中平均成绩在80分及以上的学生的学号和平均成绩。

```
SELECT sid,AVG(score) AS '平均成绩'
FROM xscj
GROUP BY sid
HAVING AVG(score) >=80;
```

WHERE 子句与 HAVING 子句的区别:WHERE 子句是对分组前的记录进行筛选,HAVING 子句是对分组后的结果集筛选;WHERE 子句的查询条件不能包含聚合函数,HAVING 子句可以使用聚合函数做条件;WHERE 子句跟在 FROM 子句的后面,HAVING 子句跟在 GROUP BY 子句的后面。

11. ORDER BY 子句

查询时,常常需要按照一定的顺序显示查询结果,此时可以使用 ORDER BY 子句。ORDER BY 子句中指出排序的依据,可以是一列也可以是多列,还可以指定是按升序还是降序排序。关键字 ASC 表示升序,DESC 表示降序,默认时为 ASC。

【例6.24】 查询 xscj 表中平均成绩在 80 分及以上的学生的学号和平均成绩,并按平均成绩的降序排序输出。

```
SELECT sid,AVG(score) AS '平均成绩'
FROM xscj
GROUP BY sid
HAVING AVG(score) >=80
ORDER BY AVG(score) DESC;
```

二、连接查询

在实际应用中,数据查询往往需要从多个数据表中提取数据,这可以通过连接查询来实现。连接查询是通过各个表之间公共列的关联来查询数据的,分为内连接、外连接和交叉连接。

1. 内连接

内连接的查询结果集中只显示两个表中能匹配的记录,语法格式如下。

```
SELECT 列名
FROM <表1> [INNER] JOIN <表2>
ON <连接条件>
```

【例6.25】 查询选修课程的学生的学号、姓名、课程编号和成绩。

```
SELECT xsda.sid,sname,cid,score
FROM xsda JOIN xscj
ON xsda.sid=xscj.sid
```

若选择的字段名在连接的各个表中是唯一存在的,则可以省略该字段名前的表名。另外,多表连接时,一般我们都要为表起别名,所以本例中的 SELECT 子句也可写为如下形式。

```
SELECT a.sid,sname,cid,score
FROM xsda a JOIN xscj j      #其中,a 为 xsda 表的别名,j 为 xscj 表的别名
ON a.sid=j.sid
```

为表起别名的好处是可以提高语句的简洁度,使语句的可读性更好。但要注意的是:如果在一个语句中一旦为表起了别名,那么在该语句中就不能再使用原来的表名了。

注意:两张表在进行连接时,连接列字段的名称可以不同,但要求必须具有相同数据类型、长度和精度,且表达同一范畴的意义。多表连接后,仍然可以搭配前面学习的所有子句(如筛选、分组、排序等)一起使用。

【例6.26】查询选修104号课程的学生的学号、姓名、课程编号和成绩。

```
SELECT a.sid,sname,cid,score
FROM xsda a JOIN xscj j
ON a.sid=j.sid
WHERE cid=104;
```

当连接的表超过两张时,要分别为JOIN连接的表指定连接条件。

【例6.27】查询选修课程的学生的姓名、课程名称和成绩。

```
SELECT sname,cname,score
FROM xsda a JOIN xscj j
ON a.sid=j.sid
JOIN kcxx x
ON j.cid=x.cid
```

在一个连接查询中,当连接的两张表是同一个表时,这种连接称为自连接。自连接是一种特殊的内连接,它所连接的表在物理上为同一个表,但逻辑上分为两个表。

【例6.28】查询出与"王雪"同一个民族的同学的姓名、性别和民族。

```
SELECT a.sname,a.sex,a.nation
FROM xsda a JOIN xsda b
ON a.nation=b.nation
WHERE b.sname='王雪';
```

注意:使用自连接时需要为表指定两个别名来进行区分,并且对所有的列都要用别名来限定。

2. 外连接

内连接的结果集中只包含两个表中能匹配的记录,并且连接的两个表没有主副之分。外连接所连接的两个表,其中一个是主表,另一个是副表。在结果集中,主表中的每一行都要显示,若副表中的数据没有和主表中的数据匹配上时,则副表自动用NULL与之匹配。外连接分为左外连接和右外连接两种。

左外连接(左连接):其中左表是主表,结果集中除了包含能匹配的记录,还包含左表中所有的记录。

右外连接(右连接):其中右表是主表。结果表中除了包含能匹配的记录,还包含右表中所有的记录。

【例6.29】查询所有学生的学号、姓名,以及他们选修课程的课程编号和成绩。

```
SELECT a.sid,sname,cid,score
FROM xsda a LEFT JOIN xscj j
ON a.sid=j.sid
```

注意:若有学生未选任何课程,则结果表中相应记录的"课程编号"字段和"成绩"字段的值均为 NULL。

【例6.30】查询还没有被选修的课程的详细信息。

```
SELECT x.*
FROM xscj j RIGHT JOIN kcxx x
ON j.cid = x.cid
WHERE j.cid is null;
```

注意:任何左外连接都可以用右外连接来实现,任何右外连接也都可以用左外连接来实现。

3. 交叉连接

交叉连接是将左表中的每一行记录与右表中的所有记录进行连接,返回的记录行数是两个表的乘积。

【例6.31】查询每个学生选修所有课程的情况,列出学号、姓名、课程名称。

```
SELECT sid,sname,cname
FROM xsda CROSS JOIN kcxx
```

注意:在一个规范化的数据库中使用交叉连接无太多应用价值,但却可以利用它为数据库生成测试数据,帮助了解连接查询的运算过程。交叉连接不能带连接条件。

三、子查询

子查询是多表数据查询的另一种更灵活的方法,它可以把一个复杂的查询分解成一系列的逻辑步骤,通过使用单个查询命令来解决复杂的查询问题。

子查询又称为嵌套查询,是将一个 SELECT 语句嵌套在另一个 SELECT 语句、INSERT 语句、UPDATE 语句或 DELETE 语句中。其中,在一个 SELECT 语句中再嵌套另外一个 SELECT 语句是用得最多的。在子查询中,外层的 SELECT 命令称为外查询或父查询,内层的 SELECT 语句称为内查询或子查询。子查询的执行过程为:首先执行子查询中的语句,并将返回的结果作为外层查询的过滤条件,然后执行外层查询。

子查询可以嵌套在 SELECT 子句中,也可以嵌套在 FROM 子句中,还可以嵌套在 WHERE 子句中,其中,嵌套在 WHERE 子句中的子查询用得最多。通常要使用比较运算符、IN、ANY 等关键字来连接内、外查询。

1. 使用比较运算符的子查询

当子查询的结果返回为单个值时,通常可以用比较运算符为外层查询提供比较操作,语法格式如下。

```
WHERE 表达式 比较运算符(子查询)
```

【例6.32】查询选修了"MySQL 数据库"课程的学生的学号。

```
SELECT sid
FROM xscj
WHERE cid = (SELECT cid
FROM kcxx
WHERE cname = 'MySQL 数据库');
```

注意：子查询是一个 SELECT 语句，需要用圆括号括起来；子查询可以嵌套更深一级的子查询，至多可以嵌套32层。

2. 使用 IN 关键字的子查询

当子查询的结果返回为单列集合时，可以使用 IN 关键字来判断外层查询中某个列是否在子查询的结果集中，语法格式如下。

```
WHERE 表达式 [NOT] IN (子查询)
```

【例6.33】查询选修了307号课程的学生的姓名。

```
SELECT sname
FROM xsda
WHERE sid in(SELECT sid
FROM xscj
WHERE cid=307);
```

注意：当子查询的返回结果为单值时，使用"="的地方也可以使用 IN 关键字。

3. 使用 ANY、SOME 或 ALL 关键字的子查询

当子查询的结果返回为单列集合时，还可以使用 ANY、SOME 或 ALL 关键字对子查询的返回结果进行比较，语法格式如下。

```
WHERE 表达式 比较运算符 ANY|SOME|ALL (子查询)
```

其中，ANY 和 SOME 关键字的作用是相同的，表示外查询的表达式只要与内查询结果集中的值有一个匹配为 TRUE，就返回外查询的结果；ALL 则表示外查询的表达式要与内查询的结果集中的所有值相比较，且结果都为 TRUE 时才返回外查询的结果。

【例6.34】查询比所有女生年龄都小的学生姓名。

```
SELECT sname
FROM xsda
WHERE birth>all(SELECT birth
FROM xsda
WHERE sex='女');
```

【例6.35】查询比某一个女生年龄小的学生姓名。

```
SELECT sname
FROM xsda
WHERE birth>any(SELECT birth
FROM xsda
WHERE sex='女');
```

注意：ANY、SOME 或 ALL 关键字在此处必须与比较运算符一起使用。

连接查询和子查询的区别如下。

（1）连接查询可以合并两个或多个表中数据，而子查询的 SELECT 语句的结果只能来自一个表。

（2）几乎所有在连接查询中使用 JOIN 运算符的查询都可以写成子查询，对于数据库程序

员来说,把 SELECT 语句以连接格式进行编写,更容易阅读和理解,也可以帮助 SQL 语句找到一个更有效的策略来检索数据,且使用连接查询的效率要高于子查询。

(3)当需要即时计算聚合值并把该值用在外层查询中进行比较时,子查询比连接查询更容易实现。

四、联合查询多表数据

使用 UNION 子句可以将两个或多个 SELECT 查询的结果合并成一个结果集,语法格式如下。

```
SELECT 语句 1
UNION [ALL]
SELECT 语句 2
```

关键字 ALL 表示显示结果集中所有的行,不使用 ALL,则在合并的结果中去除重复行。

【例6.36】假设在 student 数据库中有一个 xsda 表,存放的是 1 班的学生信息,在 student2 数据库中也有一个 xsda 表,存放的是 2 班的信息。这两个表结构相同,要求联合查询两个班的学生信息。

```
USE student;
SELECT * FROM xsda
UNION ALL
SELECT * FROM student2.xsda;
```

注意:

(1)联合查询会将两个表的查询结果集顺序连接。

(2)UNION 联合各个查询数据集必须具有相同的结构,即具有相同的列数、相同位置列的数据类型要相同或兼容。若长度不同,则以最长的字段作为输出字段的长度。

(3)UNION 运算最后结果集中的列名与第一个 SELECT 语句列名一致。

(4)当使用 ORDER BY 或 LIMIT 子句时,只能在最后一个 SELECT 语句后指定,该子句对整个 UNION 操作结果集起作用。排序所依据的列只能是第一个 SELECT 语句查询中的字段。

任务评价表

技能目标	能实现单表查询、多表查询和分类汇总查询			
综合素养	需求分析能力	灵活运用查询语句的能力	排查错误能力	团队协作能力
自我评价				

一、子查询作为派生表

由于 SELECT 语句查询的结果集是关系表,因此子查询的结果集也可放置在 FROM 子句后作为查询的数据源表,这种表称为派生表。在 SELECT 语句中需要使用别名来引用派生表。

【例6.37】 查询年龄是22岁的学生的姓名、性别和年龄。

```
SELECT *
FROM (SELECT sname,sex,year(now()) - year(birth) as age
FROM xsda) As tempTb
WHERE age = 22;
```

本例中,子查询通过计算求出学生的年龄 age 列,并作为外层查询的数据源表 tempTb,子查询作为派生表的执行结果如图6-1所示。

信息 结果1 剖析 状态

sname	sex	age
丁一	男	22
刘洋	男	22
李嘉崎	男	22
周新月	女	22

图6-1 子查询作为派生表的执行结果

注意:FROM 子句后的子查询得到的是一张虚表,需要用 AS 子句为虚表定义一个表名。此外,由于列的别名不能用作 WHERE 子句后的条件表达式,因此当需要使用别名作为过滤条件时,可以使用子查询作为派生表。

二、相关子查询

相关子查询又称为重复子查询,子查询的执行依赖于外层查询,即子查询依赖外层查询的某个属性来获取查询结果集。派生表或表达式的子查询只执行一次,而相关子查询则要反复执行,其执行过程如下。

(1)子查询为外层查询的每一行记录执行一次,外层查询将子查询引用的列传递给子查询中引用列进行比较。

(2)若子查询中有行与其匹配,外层查询则取出该行放入结果集。

(3)重复执行(1)~(2),直至所有外层查询的表的每一行都处理完。

在相关子查询中,经常使用 EXISTS 关键字,EXISTS 表示存在量词。使用 EXISTS 关键字的子查询不需要返回任何实际数据,而仅返回一个逻辑值,语法格式如下。

```
WHERE [NOT] EXISTS(子查询)
```

EXISTS 的作用是在 WHERE 子句中测试子查询是否有结果集存在,若存在结果集则返回 TRUE,否则返回 FALSE。

【例6.38】 查询已选修课程的学生信息,包括姓名、性别和出生日期。

```
SELECT sname,sex,birth
FROM xsda
WHERE EXISTS(
   SELECT * FROM xscj
   WHERE xscj.sid = xsda.sid
   );
```

由于使用 EXISTS 关键字的子查询不需要返回实际数据,因此这种子查询的 SELECT 子句中的结果列表达式通常用"*",给出列名没有意义。同时该子查询依赖于外层的某个列值,在本例中,子查询依赖外层查询 xsda 表的 sid。EXISTS 关键字子查询执行结果如图6-2所示。

| 信息 | 结果 1 | 剖析 | 状态 |

sname	sex	birth
丁一	男	2001-11-03
马爽	男	1999-01-24
王云龙	男	2000-01-01
王佳	女	2003-08-08
王龙军	男	2002-09-12
王雪	女	2002-06-14
王鑫	女	2002-02-14
吕一航	男	2002-06-28
刘佳	女	2002-07-06
孙英明	女	2002-08-24
孙立志	男	2002-10-28
李嘉崎	男	2001-10-19
龙宇	男	2000-01-01

图 6-2　EXISTS 关键字子查询执行结果

注意：相关子查询是动态执行的子查询，是与外层查询行非常有效的连接查询。

三、子查询用于更新数据

子查询不仅可以构造复杂的查询逻辑，当数据更新需要依赖某一个查询的结果集，使用子查询也是一种有效的手段。

1. 将查询结果集创建成新的数据表

在实际开发或测试过程中，经常会遇到需要表复制的情况，如将一个表中满足条件的数据的部分列复制到另一个表中。使用 CREATE TABLE…SELECT 命令可把 SELECT 命令的查询结果集添加到新创建的表中，比使用多个单行的 INSERT 语句效率要高得多，语法格式如下。

```
CREATE TABLE 表名
SELECT 列名1[,列名2,…,列名n]FROM 表名
WHERE 条件表达式
```

SELECT 语句的格式同本项目前面介绍的语法格式相同。

【例 6.39】创建一个补考学生成绩表 failxscj，存放不及格的学生的学号、姓名、课程名称和成绩。

```
CREATE TABLE failxscj
SELECT xscj.sid,sname,cname,score
FROM xscj JOIN xsda ON xscj.sid=xsda.sid
JOIN kcxx ON kcxx.cid=xscj.cid
WHERE score<60;
```

查询结果集生成新的表的执行结果如图 6-3 所示。

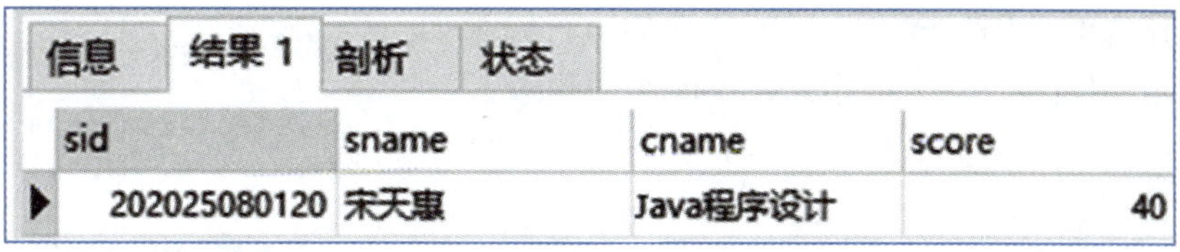

信息	结果 1	剖析	状态	
sid	sname	cname	score	
202025080120	宋天惠	Java程序设计	40	

图 6-3　查询结果集生成新的表的执行结果

从显示结果可以看出，有 1 条符合条件的记录生成到了 failxscj 表中。

2. 子查询用于修改数据

当数据的更新需要依赖于其他的表的数据时，就可以使用子查询作为 UPDATE 的更新条件。

【例 6.40】在 xsda 表中添加一个"备注"字段 remarks，将选修课程门数至少 3 门，且课程成绩大于或等于 85 分的设置为"学习标兵"。

首先，在 xsda 表中添加 remarks 字段，代码如下。

```
ALTER TABLE xsda ADD remarks varchar(20);
```

按照题目要求修改 remarks 字段的值，代码如下。

```
UPDATE xsda
SET remarks = '学习标兵'
WHERE sid IN(
    SELECT sid
    FROM xscj
    WHERE score > =85
    GROUP BY sid
    HAVING count(*) > =3
);
```

本例中，对 remarks 修改需要依赖两个条件：一个条件是 score > =85，另一个条件是课程门数大于或等于 3 的所有学生的 sid，子查询作为 UPDATE 的条件的执行结果如图 6-4 所示。由图可见，有两名同学被评为"学习标兵"。

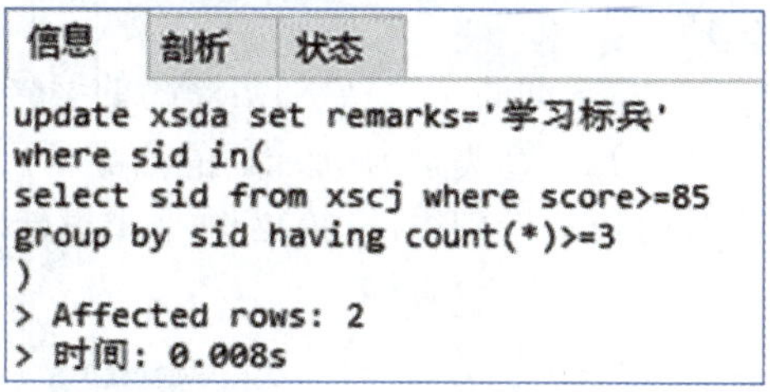

图 6-4　子查询作为 UPDATE 的条件的执行结果

3. 子查询用于删除数据

当删除需要依赖于其他的表查询结果时，可以使用子查询作为 DELETE 子句的条件。

【例 6.41】将不及格的学生从 xsda 表中删除，其中不及格的学生是指已经存放在 failxscj 表中的学生。

```
DELETE FROM xsda
WHERE sid IN(SELECT sid
        FROM failxscj);
```

子查询作为 DELETE 删除数据的条件的执行结果如图 6-5 所示,由图可见,有一个同学从 xsda 表中删除了。

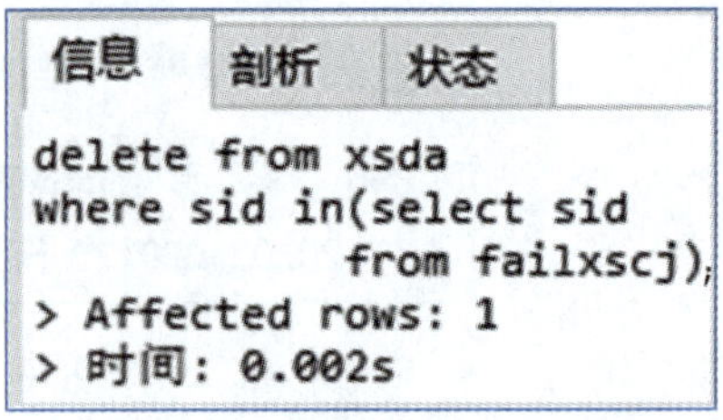

图 6-5 子查询作为 DELETE 删除数据的条件的执行结果

项目实践

1. 实践任务

根据用户需求,查询 Eshop 数据库中的数据。

2. 实践目的

(1)学会查询单表数据。
(2)学会使用连接查询检索多表数据。
(3)学会使用子查询检索多表数据。
(4)学会使用 UNION 关键字联合查询多表数据。
(5)学会使用 GROUP BY 关键字实现数据分组查询。
(6)学会使用聚合函数统计数据。
(7)学会使用 ORDER BY 关键字对查询结果排序。

3. 实践内容

(1)查询所有的用户信息。
(2)查询商品信息,列出商品的编号、名称、价格,并按价格从高到低排序。
(3)查询"华为 P9_PLUS"2022 年全年的销售量。
(4)查询单笔订单金额在 5 000 元以上的订单号。
(5)查询未购买过商品的用户信息。
(6)查询购买过"华为 P9_PLUS"的用户姓名、联系电话、电子邮箱。
(7)查询用户"段湘林"的所有订单信息。
(8)查询 2022 年全年购买金额在 10 000 元以上的用户信息,列出用户名、性别和联系电话。
(9)查询商品信息,列出商品的编号、名称、价格、库存数量,并按库存数量从高到低排序。
(10)查询类别为"服饰"的商品卖出的总数。
(11)按性别统计,2022 年全年男性和女性分别购买商品的订单总价。

思考与探索

一、判断题

1. 同时显示多表中的数据要使用连接查询。   (   )
2. 子查询只能嵌套在 WHERE 子句中。   (   )

二、单选题

1. 条件"age BETWEEN 20 AND 30"表示年龄在 20~30 岁之间,且(   )。
   A. 包括 20 岁不包括 30 岁   B. 不包括 20 岁,包括 30 岁

C. 不包括20岁和30岁　　　　　　　D. 包括20岁和30岁
2. 在SELECT语句中,实现分组前筛选操作的子句是(　　)。
　　A. SELECT　　　B. WHERE　　　C. GROUP BY　　　D. ORDER BY
3. 模糊查询的匹配符,其中(　　)可以匹配0个或多个任意字符。
　　A. *　　　　　　B. _　　　　　　C. %　　　　　　D. ?
4. 在教师表中查找"工龄"还没有输入数据的记录,使用的SQL语句是(　　)。
　　A. SELECT * FROM 教师表 WHERE 工龄 IS.NULL.；
　　B. SELECT * FROM 教师表 WHERE 工龄 =0；
　　C. SELECT * FROM 教师表 WHERE 工龄 IS NULL；
　　D. SELECT * FROM 教师表 WHERE 工龄 = NULL；
5. 在ORDER BY 子句中,DESC 和 ASC 分别表示(　　)。
　　A. 升序、降序　　　　　　　　　　B. 降序、升序
　　C. 降序、降序　　　　　　　　　　D. 升序、升序
6. 分组查询使用(　　)子句。
　　A. WHERE　　　B. HAVING　　　C. GROUP BY　　　D. ORDER BY
7. 模糊查询的关键字是(　　)。
　　A. IN　　　　　B. NOT　　　　　C. LIKE　　　　　D. AND
8. 分组后筛选,使用(　　)子句。
　　A. WHERE　　　B. GROUP BY　　　C. HAVING　　　D. ORDER BY

三、简述题

1. 简述连接查询和子查询的区别,以及分别适用的情况。
2. 简述UNION语句的作用及需要注意的问题。

项目 7

使用视图优化查询"学生信息"数据库

任务情境

"学生信息"数据库 student 已经建好,其中的数据表是按照数据存储最佳模式来设计的,但是在使用过程中,因为需求不同,用户关心的数据内容也各不相同。因此,开发人员需要根据用户观点定义新的数据视图,以方便业务处理。

学习目标

(1) 通过本项目的学习,学生能够了解视图的作用;能运用 SQL 语句创建和管理视图;能通过视图操纵表中的数据;能运用 SQL 语句管理视图。

(2) 培养学生以人为本的服务意识,解析视图的本质,充分做好需求分析,用专业的技术服务客户,做专业的人,做专业的事;培养学生谦虚、谨慎地做事,善于发现问题,精益求精。

知识准备

问题 7-1 视图的作用是什么?
问题 7-2 如何创建和管理视图?
问题 7-3 如何使用视图?

任务 1 创建视图

任务分析

开发人员根据用户需求从基本表(或视图)中重新定义视图,选取对用户有用的信息,屏蔽对用户无用的或用户没有权限了解的信息,以保证数据的安全。

任务实施

(1) 基于 xsda 表,创建一个包含所有女生的视图 girl_view,并查看该视图的内容。

```
CREATE VIEW girl_view
AS
SELECT *
FROM xsda
WHERE sex = '女';
```

查看 girl_view 视图,命令如下。

```
SELECT * FROM girl_view;
```

(2)创建学生成绩视图 xscj_view,包括所有学生的姓名及其所学的课程名称和成绩,并查看该视图所包含的内容。

```
CREATE VIEW xscj_view
AS
SELECT sname,cname,score
FROM xsda JOIN xscj ON xsda.sid = xscj.sid
JOIN kcxx ON xscj.cid = kcxx.cid;
```

查看 xscj_view 视图,命令如下。

```
SELECT *  FROM xscj_view;
```

(3)根据学生成绩视图 xscj_view,创建学生平均成绩视图 avg_view,包括学生的姓名和平均成绩,并查看该视图所包含的内容。

```
CREATE VIEW avg_view(姓名,平均成绩)
AS
SELECT sname,AVG(score)
FROM xscj_view
GROUP BY sname;
```

查看 avg_view 视图,命令如下。

```
SELECT *  FROM avg_view;
```

任务 2 使用视图

任务分析

视图是一个虚表,用户可以像基本表一样对视图的内容进行查询。在视图满足一定的条件时,还可以通过视图更新数据。

任务实施

(1)通过平均成绩视图 avg_view,查询平均成绩在 80 分及以上学生的情况,并按平均成绩降序排列。

```
SELECT *
FROM avg_view        #在 avg_view 中包含姓名和平均成绩两列内容
WHERE 平均成绩 > =80
```

```
ORDER BY 平均成绩 DESC;
```

（2）向女生视图 girl_view 中插入一条新记录，各列的值分别为 100、白云、女、2000-10-20、苗族。

```
INSERT INTO girl_view
VALUES(100,'白云','女','2000-10-20','苗族');
```

（3）通过 girl_view 视图将学号为 100 的学生的姓名改为"白云丽"，民族改为"蒙古族"。

```
UPDATE girl_view
SET sname = '白云丽',nation = '蒙古族'
WHERE sid = 100;
```

（4）通过学生成绩视图 xscj_view，将所有学生"MySQL 数据库"的成绩加 2 分。

```
UPDATE xscj_view
SET score = score + 2
WHERE cname = 'MySQL 数据库'
```

（5）通过视图 girl_view 删除姓名为"白云丽"的记录。

```
DELETE girl_view WHERE sname = '白云丽';
```

任务 3　管理视图

任务分析

管理视图包括查看视图、修改视图、删除视图。查看视图是指查看数据库中已存在的视图的结构和定义。查看视图必须要有相应的权限、系统数据库 mysql 的 user 表中保存着这个信息。当视图不能满足需要时，可以对视图进行修改或者删除。

任务实施

（1）查看 student 数据库中包含哪些视图。

```
SHOW TABLES;
```

（2）查看 girl_view 视图的结构信息。

```
DESC girl_view;
```

（3）修改 girl_view 视图，使该视图只包含女生的学号、姓名、性别和出生日期。

```
ALTER VIEW girl_view
AS
SELECT sid,sname,sex,birth FROM xsda
WHERE sex = '女';
```

（4）创建或修改学生成绩视图 stu_score_view，包括所有学生的学号、姓名及其所学的课程名称和成绩。

```
CREATE OR REPLACE VIEW stu_score_view
AS
SELECT xscj.sid,sname,cname,score
FROM xsda JOIN xscj ON xsda.sid=xscj.sid
JOIN kcxx ON xscj.cid=kcxx.cid;
```

（5）删除视图 girl_view。

```
DROP VIEW girl_view;
```

一、了解视图的用途

在实际应用中，通常一个数据库中存储的数据会非常多。但对于用户而言，他们只会关心与自身相关的一部分数据，这就要求数据库管理系统能根据用户需求为他们提供特定的数据。视图是从一个或多个表（或视图）通过 SELECT 语句导出的虚表，因此它具备表的特征，可以像表一样进行查询、修改、删除和更新。但视图与表不同，视图并不保存数据，而是保存提取数据的相关命令，数据的物理存放位置仍然在表中，这些表又称为基表。

视图（View）作为一种数据库对象，有如下作用。

- 安全性。视图可以作为一种安全机制。通过视图用户只能查看和修改所能看到的数据，表中其他数据既不可见也不可访问。当某一用户想要访问视图的结果集时，必须授予其访问权限。视图所引用表的访问权限与视图权限设置互不影响。
- 简化查询操作。为复杂的查询建立一个视图，用户不必输入复杂的查询语句，只需针对此视图做简单的查询即可。
- 保证数据的逻辑独立性。对于视图的操作，如查询，只依赖于视图的定义。当构成视图的基本表要修改时，只需修改视图定义中的查询部分，而基于视图的查询不用改变。

二、创建视图

创建视图是在已存在的数据表上建立视图，视图可以建立在一张表或多张表上。其语法格式如下。

```
CREATE VIEW 视图名[(列名表)]
AS 查询语句
```

注意：

（1）视图名应符合标识符的命名规则，并且不能与其他的数据库对象同名。

（2）列名是视图中包含的列名。当视图中使用与基表相同的列名时，不必给出列名。

（3）查询语句是定义视图的 SELECT 语句，可在查询语句中查询多个表或视图，以表明新创建的视图所参照的表或视图。

【例7.1】基于 xsda 表，创建一个包含所有男生的视图。

```
CREATE VIEW boy_view
AS
SELECT *
```

```
FROM xsda
WHERE sex = '男';
```

用户可以使用 SELECT 语句查看该视图关联的数据结果,执行语句如下。

```
SELECT * FROM boy_view;
```

查询视图 boy_view 的结果集的执行结果如图 7-1 所示。从结果集中可以看到,视图 boy_view的显示结果是 xsda 表中所有的男生。

信息 结果 1 剖析 状态

sid	sname	sex	birth	nation
202025080101	丁一	男	2001-11-03	汉族
202025080102	马爽	男	1999-01-24	汉族
202025080103	王云龙	男	2000-01-01	朝鲜族
202025080105	王龙军	男	2002-09-12	汉族
202025080108	吕一航	男	2002-06-28	汉族
202025080109	伊佳	男	2002-05-19	满族
202025080111	刘洋	男	2001-04-04	汉族
202025080114	孙立志	男	2002-10-28	汉族
202025080115	李梓祥	男	2000-01-01	(Null)
202025080116	李浩然	男	2000-01-01	(Null)

图 7-1　查询视图 boy_view 的结果集的执行结果

一般情况下都是将复杂的查询创建为视图,从而使查询变得更简单。

【例 7.2】 创建学生成绩视图 stu_score_view,包括所有学生的学号、姓名及其所学的课程名称和成绩。

```
CREATE VIEW stu_score_view
AS
SELECT xscj.sid,sname,cname,score
FROM xsda JOIN xscj ON xsda.sid = xscj.sid
JOIN kcxx ON xscj.cid = kcxx.cid;
```

使用 SELECT 语句查看该视图关联的数据结果,执行语句如下。

```
SELECT * FROM stu_score_view;
```

查询视图 stu_score_view 的结果集的执行结果如图 7-2 所示。

信息 结果 1 剖析 状态

sid	sname	cname	score
202025080104	王佳	计算机文化基础	100
202025080107	王鑫	计算机文化基础	96
202025080106	王雪	计算机文化基础	60
202025080105	王龙军	计算机文化基础	80
202025080125	陈欣悦	计算机文化基础	100
202025080102	马爽	计算机文化基础	98
202025080119	龙宇	计算机文化基础	100
202025080110	刘佳	Java程序设计	70
202025080114	孙立志	Java程序设计	84
202025080113	孙英明	Java程序设计	80
202025080120	宋天惠	Java程序设计	40
202025080131	徐子瑞	Java程序设计	20

图 7-2　查询视图 stu_score_view 的结果集的执行结果

从这个实例可以看到，创建视图可以基于一个数据表，也可以基于多个表，视图还可以基于已有一个或多个视图再来创建新的视图。

【例 7.3】 创建视图 kc_avg_view，在该视图中包含课程名称和每门课程的平均成绩。

```
CREATE VIEW kc_avg_view
AS
SELECT cname, AVG(score) AS 平均成绩
FROM stu_score_view
GROUP BY   cname;
```

如果视图中的某一列是算术表达式、函数或者常量，那么要明确地指明视图中该列的列名。视图中列名的指定，也可以使用如下语句。

```
CREATE VIEW kc_avg_view(课程名称，平均成绩)
AS
SELECT cname, AVG(score)
FROM stu_score_view
GROUP BY   cname;
```

使用 SELECT 语句查看该视图关联的数据结果，执行语句如下。

```
SELECT *  FROM kc_avg_view;
```

查询视图 kc_avg_view 的结果集的执行结果如图 7-3 所示。

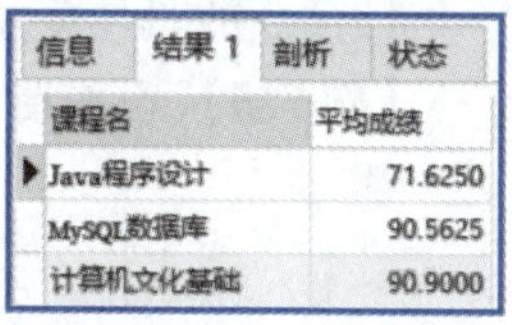

课程名	平均成绩
Java程序设计	71.6250
MySQL数据库	90.5625
计算机文化基础	90.9000

图 7-3 查询视图 kc_avg_view 的结果集的执行结果

注意：

• 创建视图的用户必须对所参照的表或视图有查询权限，即可以执行 SELECT 语句。

• 不能在临时表上创建视图。

三、使用视图操作表数据

视图是一个虚拟表。视图定义后就作为一个数据库对象存在，可以像基表一样进行增、删、改、查等操作，并且所使用语法格式与表的操作完全一样。

1. 查询数据

视图的一个重要作用就是简化查询，为复杂的查询建立一个视图后，用户就不必输入复杂的查询语句，只需针对此视图做简单的查询即可。查询视图的操作与查询基本表一样，使用 SELECT 命令。

【例 7.4】 通过前面创建的成绩视图 stu_score_view，查询选修了“MySQL 数据库”课程，且成绩在 80 分及以上学生的姓名、课程名称和成绩，并按成绩的降序排列。

```
SELECT sname,cname,score
FROM stu_score_view        #在 stu_score_view 中包含学号、姓名、课程名称和成绩四列内容
WHERE cname = 'MySQL 数据库' and score > =80
ORDER BY score DESC;
```

从视图 stu_score_view 中查询的结果集的执行结果如图 7-4 所示。从结果集中看到，可以直接从视图 stu_score_view 中查询到想要的数据。

信息 结果1 剖析 状态

sname	cname	score
孙英明	MySQL数据库	105
梁旭	MySQL数据库	105
周新月	MySQL数据库	105
王鑫	MySQL数据库	105
王佳	MySQL数据库	103
王龙军	MySQL数据库	102
陈欣悦	MySQL数据库	102
徐子瑞	MySQL数据库	85
马爽	MySQL数据库	85
王雪	MySQL数据库	85
孙立志	MySQL数据库	83
李嘉崎	MySQL数据库	80

图 7-4　从视图 stu_score_view 中查询的结果集的执行结果

2. 插入数据

使用 INSERT 命令可以更新视图向表中插入数据，语法格式如下。

```
INSERT [INTO] 视图名[(字段列表)]
VALUES(值列表1),(值列表2)…
```

该命令的具体使用方法与向表中插入数据相同。

【例 7.5】 向视图 boy_view 中插入一条新数据，各列的值分别为 101、黑土、男、2000-8-1、蒙古族。

```
INSERT INTO boy_view
VALUES(101,'黑土','男','2000-8-1','蒙古族');
```

分别查询插入数据后视图 boy_view 和基本表 xsda 中的数据，其对照如图 7-5 所示。

```
SELECT *  FROM boy_view;        #查询视图
SELECT *  FROM xsda;            #查询原基本表
```

通过查询后的结果可以看出，向视图插入记录，真正影响的是基本表，原因是视图是一个虚表，在视图中并不存储数据。

```
mysql> SELECT * FROM boy_view;
+--------------+--------+-----+------------+--------+
| sid          | sname  | sex | birth      | nation |
+--------------+--------+-----+------------+--------+
|          101 | 黑土   | 男  | 2000-08-01 | 蒙古族 |
| 202025080101 | 丁一   | 男  | 2001-11-03 | 汉族   |
| 202025080102 | 马爽   | 男  | 1999-01-24 | 汉族   |
| 202025080103 | 王云龙 | 男  | 2000-01-01 | 朝鲜族 |
| 202025080105 | 王龙军 | 男  | 2002-09-12 | 汉族   |
| 202025080108 | 吕一航 | 男  | 2002-06-28 | 汉族   |
| 202025080109 | 伊佳   | 男  | 2002-05-19 | 满族   |
| 202025080111 | 刘洋   | 男  | 2001-04-04 | 汉族   |
| 202025080114 | 孙立志 | 男  | 2002-10-28 | 汉族   |
| 202025080115 | 李梓祥 | 男  | 2000-01-01 | NULL   |
| 202025080116 | 李浩然 | 男  | 2000-01-01 | NULL   |
| 202025080117 | 李嘉崎 | 男  | 2001-10-19 | 汉族   |
| 202025080118 | 李东洋 | 男  | 2000-01-01 | NULL   |
| 202025080119 | 龙宇   | 男  | 2000-01-01 | NULL   |
```

```
mysql> SELECT * FROM xsda;
+--------------+--------+-----+------------+--------+
| sid          | sname  | sex | birth      | nation |
+--------------+--------+-----+------------+--------+
|          101 | 黑土   | 男  | 2000-08-01 | 蒙古族 |
| 202025080101 | 丁一   | 男  | 2001-11-03 | 汉族   |
| 202025080102 | 马爽   | 男  | 1999-01-24 | 汉族   |
| 202025080103 | 王云龙 | 男  | 2000-01-01 | 朝鲜族 |
| 202025080104 | 王佳   | 女  | 2003-08-08 | 回族   |
| 202025080105 | 王龙军 | 男  | 2002-09-12 | 汉族   |
| 202025080106 | 王雪   | 女  | 2002-06-14 | 回族   |
| 202025080107 | 王鑫   | 女  | 2002-02-14 | 回族   |
| 202025080108 | 吕一航 | 男  | 2002-06-28 | 汉族   |
| 202025080109 | 伊佳   | 男  | 2002-05-19 | 满族   |
| 202025080110 | 刘佳   | 女  | 2002-07-06 | 汉族   |
| 202025080111 | 刘洋   | 男  | 2001-04-04 | 汉族   |
| 202025080113 | 孙英明 | 女  | 2002-08-24 | 朝鲜族 |
| 202025080114 | 孙立志 | 男  | 2002-10-28 | 汉族   |
```

图 7-5　插入数据后视图 boy_view 和基本表 xsda 中数据的对照

注意：当视图所依赖的基本表有多个时，不能向该视图插入数据。

【例7.6】 向学生成绩视图stu_score_view中插入新记录，stu_score_view视图中包括学生的学号、姓名及其所学的课程名称和成绩。新记录各列的值分别为101、黑土、计算机文化基础、65。

```
INSERT INTO stu_score_view
VALUES(101,'黑土','计算机文化基础',65);
```

向基于多个表创建的视图插入数据，执行后系统提示错误，如图7-6所示。

```
信息  状态
INSERT INTO stu_score_view
VALUES(101,'黑土','计算机文化基础',65)
> 1394 - Can not insert into join view 'student.stu_score_view' without fields list
> 时间: 0s
```

图7-6　向基于多个表创建的视图插入数据报错

因为视图stu_score_view中的列分别来自三个基本表，插入操作将会同时影响多个基本表，所以插入失败。

3. 修改数据

使用UPDATE语句可以通过视图修改基本表中的数据，语法格式如下。

```
UPDATE 视图名
SET 列名1=值1, 列名2=值2,…
WHERE 条件表达式
```

该命令的具体使用方法与修改表中的数据相同。

【例7.7】 通过视图boy_view将黑土的民族改为“彝族”。

```
UPDATE boy_view
SET nation='彝族'
WHERE sname='黑土';
```

分别查询修改数据后视图boy_view和基本表xsda中的数据，其对照如图7-7所示。

```
SELECT * FROM boy_view where sname='黑土';        #查询视图
SELECT * FROM xsda where sname='黑土';            #查询原基本表
```

通过查询后的结果可以看出，修改视图中的数据，真正影响的也是基本表。如果一个视图依赖多个基本表，那么更新该视图的数据一次只能变动一个基本表的数据。

```
mysql> SELECT * FROM boy_view where sname='黑土';
+-----+-------+-----+------------+--------+
| sid | sname | sex | birth      | nation |
+-----+-------+-----+------------+--------+
| 101 | 黑土  | 男  | 2000-08-01 | 彝族   |
+-----+-------+-----+------------+--------+
1 row in set (0.06 sec)
```

```
mysql> SELECT * FROM xsda where sname='黑土';
+-----+-------+-----+------------+--------+
| sid | sname | sex | birth      | nation |
+-----+-------+-----+------------+--------+
| 101 | 黑土  | 男  | 2000-08-01 | 彝族   |
+-----+-------+-----+------------+--------+
1 row in set (0.06 sec)
```

图7-7　修改数据后视图boy_view和基本表xsda中数据的对照

【例7.8】 通过视图stu_score_view将马爽的“MySQL数据库”的成绩修改为98分。

```
UPDATE stu_score_view
SET score = 98
WHERE sname = '马爽'
AND cname = 'MySQL 数据库';
```

本例中对视图 stu_score_view 中成绩列的修改实际仍作用于基本表 xscj。若对视图的修改涉及一个基本表时,则该修改能够成功执行,但是,若视图修改同时涉及多个基本表或修改的字段在基本表中不存在时,则会修改失败。

4. 删除数据

使用 DELETE 语句可以通过视图删除基本表的数据,语法格式如下。

```
DELETE FROM 视图名
[WHERE 条件表达式]
```

该命令的具体使用方法与删除表中的数据相同。

【例 7.9】 通过视图 boy_view 删除姓名为"黑土"的记录。

```
DELETE FROM boy_view WHERE sname = '黑土';
```

分别查询删除数据后视图 boy_view 和基本表 xsda 中的数据,其对照如图 7-8 所示。

```
SELECT * FROM boy_view;      #查询视图
SELECT * FROM xsda;          #查询原基本表
```

通过查询的结果可以看出,删除视图中的数据,真正影响的也是基本表。同样,通过视图删除数据时,如果涉及多个基本表,那么删除操作不能成功。

```
mysql> SELECT * FROM boy_view;                           mysql> SELECT * FROM xsda;
+--------------+--------+-----+------------+--------+   +--------------+--------+-----+------------+--------+
| sid          | sname  | sex | birth      | nation |   | sid          | sname  | sex | birth      | nation |
+--------------+--------+-----+------------+--------+   +--------------+--------+-----+------------+--------+
| 202025080101 | 丁一   | 男  | 2001-11-03 | 汉族   |   | 202025080101 | 丁一   | 男  | 2001-11-03 | 汉族   |
| 202025080102 | 马爽   | 男  | 1999-01-24 | 汉族   |   | 202025080102 | 马爽   | 男  | 1999-01-24 | 汉族   |
| 202025080103 | 王云龙 | 男  | 2000-01-01 | 朝鲜族 |   | 202025080103 | 王云龙 | 男  | 2000-01-01 | 朝鲜族 |
| 202025080105 | 王龙军 | 男  | 2002-09-12 | 汉族   |   | 202025080104 | 王佳   | 女  | 2003-08-08 | 回族   |
| 202025080108 | 吕一航 | 男  | 2002-06-28 | 汉族   |   | 202025080105 | 王龙军 | 男  | 2002-09-12 | 汉族   |
| 202025080109 | 伊佳   | 男  | 2002-05-19 | 满族   |   | 202025080106 | 王雪   | 女  | 2002-06-14 | 回族   |
| 202025080111 | 刘洋   | 男  | 2001-04-04 | 汉族   |   | 202025080107 | 王鑫   | 女  | 2002-02-14 | 回族   |
| 202025080114 | 孙立志 | 男  | 2002-10-28 | 汉族   |   | 202025080108 | 吕一航 | 男  | 2002-06-28 | 汉族   |
| 202025080115 | 李梓祥 | 男  | 2000-01-01 | NULL   |   | 202025080109 | 伊佳   | 男  | 2002-05-19 | 满族   |
| 202025080116 | 李浩然 | 男  | 2000-01-01 | NULL   |   | 202025080110 | 刘佳   | 女  | 2002-07-06 | 汉族   |
| 202025080117 | 李嘉崎 | 男  | 2001-10-19 | 汉族   |   | 202025080111 | 刘洋   | 男  | 2001-04-04 | 汉族   |
| 202025080118 | 李东洋 | 男  | 2000-01-01 | NULL   |   | 202025080113 | 孙英明 | 女  | 2002-08-24 | 朝鲜族 |
| 202025080119 | 龙宇   | 男  | 2000-01-01 | NULL   |   | 202025080114 | 孙立志 | 男  | 2002-10-28 | 汉族   |
+--------------+--------+-----+------------+--------+   +--------------+--------+-----+------------+--------+
```

图 7-8 删除数据后视图 boy_view 和基本表 xsda 中数据的对照

5. 更新视图的限制

从以上实例中可以发现,并不是所有的视图都可以更新,以下几种情况不能更新视图。

• 定义视图的 SELECT 语句中包含 COUNT 等聚合函数。

• 定义视图的 SELECT 语句中包含 UNION、UNION ALL、DISTINCT、TOP、GROUP BY 和 HAVING 等关键字。

• 常量视图。

• 定义视图的 SELECT 语句中包含子查询。

- 由不可更新的视图导出的视图。
- 视图对应的数据表上存在没有默认值且不为空的列,而该列没有包含在视图里。

注意: 虽然可以通过更新视图操作相关表的数据,但是限制较多。在实际情况下,最好将视图仅作为查询数据的虚表,而不要通过视图更新数据。

四、管理和维护视图

视图创建好后,需要对其进行管理和维护,主要包括查看视图、修改视图和删除视图。

1. 查看视图

查看视图是指查看数据库中已存在视图的定义文本。在查看视图前确定用户是否有查询视图的权限(可以查询 mysql 数据库中 user 表的 show_view_priv 列的值),默认值为"Y",表示允许。

(1)查看当前数据库中所有的视图。

```
SHOW TABLES;
```

使用该命令既可以查看到当前数据库中所有的数据表,又能查看到该数据库中创建的所有的视图。

(2)查看视图的结构。

查看视图的结构与查看表的结构一样,语法格式如下。

```
DESC 视图名;
```

【例 7.10】查看视图 kc_avg_view 的结构。

```
DESC kc_avg_view;
```

查看视图的结构信息的执行结果如图 7-9 所示。

图 7-9 查看视图的结构信息的执行结果

查看结果显示了视图的字段定义、字段的数据类型、是否为空、是否为主/外键、默认值和其他信息。

(3)查看视图的定义。

查看视图的定义与查看表的定义也是类似的,语法格式如下:

```
SHOW CREATE VIEW 视图名;
```

【例 7.11】使用 SHOW CREATE VIEW 语句查看视图 kc_avg_view 的定义文本。

```
SHOW CREATE VIEW kc_avg_view;
```

查看视图定义文本的执行结果如图 7-10 所示。

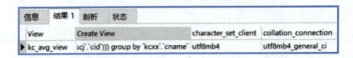

图 7-10　查看视图定义文本的执行结果

执行结果显示了视图的名称、创建视图的定义文本、客户端使用的字符集及校对规则。

2. 修改视图

当视图依赖的数据表发生改变,或需要通过视图查询更多的信息时,可以对定义好的视图进行修改。

(1) ALTER VIEW 语句修改视图。

语法格式如下。

```
ALTER VIEW 视图名 [(列名表)]
AS 查询语句;
```

【例 7.12】修改学生成绩视图 stu_score_view,包括所有学生的学号、姓名及其所学的课程编号、课程名称和成绩。

```
ALTER VIEW stu_score_view
AS
SELECT xscj.sid,sname,xscj.cid,cname,score
FROM xsda JOIN xscj ON xsda.sid=xscj.sid
JOIN kcxx ON xscj.cid=kcxx.cid;
```

执行上述语句,并查看视图 stu_score_view,查询视图 stu_score_view 的数据内容的执行结果如图 7-11 所示。

```
SELECT * FROM stu_score_view;
```

对比图 7-2,视图 stu_score_view 的字段由原来的 4 个变成了 5 个,修改视图成功。

sid	sname	cid	cname	score
202025080106	王雪	104	计算机文化基础	60
202025080105	王龙军	104	计算机文化基础	80
202025080125	陈欣悦	104	计算机文化基础	100
202025080102	马爽	104	计算机文化基础	98
202025080119	龙宇	104	计算机文化基础	100
202025080110	刘佳	201	Java程序设计	70
202025080114	孙立志	201	Java程序设计	84
202025080113	孙英明	201	Java程序设计	80
202025080120	宋天惠	201	Java程序设计	40
202025080131	徐子瑞	201	Java程序设计	20
202025080117	李嘉琦	201	Java程序设计	100
202025080133	梁旭	201	Java程序设计	75

图 7-11　查询视图 stu_score_view 的数据内容的执行结果

(2) CREATE OR REPLACE VIEW 语句修改视图。

该语句的使用非常灵活,当要操作的视图不存在时,可以新建视图;当视图已存在时,可以实现修改视图，语法格式如下。

```
CREATE OR REPLACE VIEW 视图名 [ (列名表) ]
AS 查询语句;
```

【例 7.13】 修改视图 kc_avg_view，在该视图中包含课程编号、课程名称和每门课程的平均成绩。

```
CREATE OR REPLACE VIEW kc_avg_view(课程编号,课程名称,平均成绩)
AS
SELECT cid,cname, AVG(score)
FROM stu_score_view
GROUP BY  cname;
```

执行上述语句，并查看视图 kc_avg_view，查询视图 kc_avg_view 的数据内容的执行结果如图 7-12 所示。

```
SELECT *  FROM kc_avg_view;
```

对比图 7-3，在视图 kc_avg_view 中增加了一个“课程编号”字段，修改视图成功。

信息　结果 1　剖析　状态

课程编号	课程名	平均成绩
201	Java程序设计	70.6667
307	MySQL数据库	92.2667
104	计算机文化基础	90.4211

图 7-12　查询视图 kc_avg_view 的数据内容的执行结果

3. 删除视图

删除视图时，只会删除视图的定义，并不会删除视图所关联的数据，语法格式如下。

```
DROP VIEW [IF EXISTS] 视图名
```

其中，IF EXISTS 为可选项，用于判断视图是否存在。若存在则执行，若不存在则不执行。

【例 7.14】 删除视图 boy_view。

```
DROP VIEW boy_view;
```

执行上述代码，然后查看该视图的定义，查看视图 boy_view 的定义文本的执行结果如图 7-13所示。

```
SHOW CREATE VIEW boy_view;
```

执行结果中显示不存在名为 boy_view 的视图，视图删除成功。

信息　状态

```
SHOW CREATE VIEW boy_view
> 1146 - Table 'student.boy_view' doesn't exist
> 时间: 0s
```

图 7-13　查看视图 boy_view 的定义文本的执行结果

任务评价表

技能目标	视图的创建、使用和管理			
综合素养	需求分析能力	灵活运用代码的能力	排查错误能力	团队协作能力
自我评价				

使用 MySQL 图形化管理工具 Navicat 创建视图

【例7.15】使用 MySQL 图形化管理工具 Navicat 创建名为"mysqlscore_view"的视图,视图用于查询选修"MySQL 数据库"的学生的姓名、课程名称和成绩。

具体操作步骤如下。

(1)在对象管理器中,选择 student 数据库下的视图对象,右击,在弹出的快捷菜单中选择"新建视图"命令,弹出视图编辑界面,如图 7-14 所示。

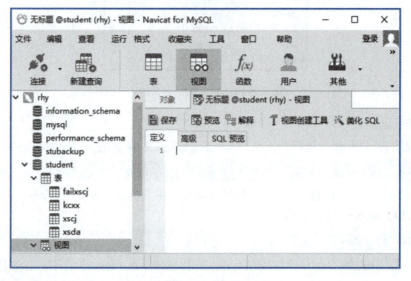

图 7-14 视图编辑界面

(2)单击"视图创建工具",打开"视图创建工具"窗口,如图 7-15 所示。

(3)分别将 xsda、xscj 和 kcxx 表拖动到视图设计器中,在视图设计器中添加源表如图 7-16 所示。

(4)在视图设计器中,分别选择 xsda 表的 sname 列、kcxx 表的 cname 列和 xscj 表的 score 列,在视图设计器中选择视图中显示的列如图 7-17 所示。

(5)单击"WHERE"选项卡,打开"WHERE"编辑界面,然后单击"+"按钮,显示内容如图 7-18 所示。

项目 7 使用视图优化查询"学生信息"数据库

图 7-15 "视图创建工具"窗口

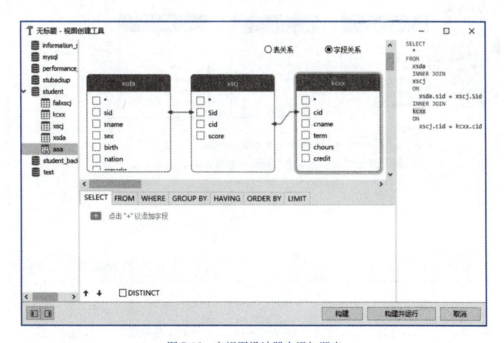

图 7-16 在视图设计器中添加源表

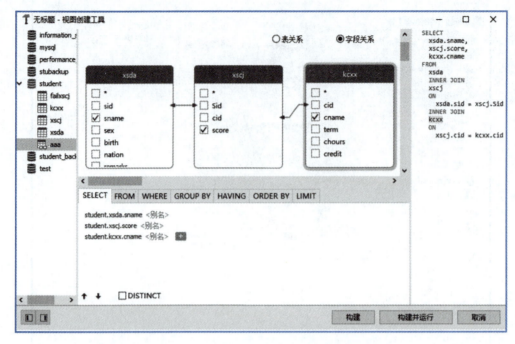

图 7-17　在视图设计器中选择视图中显示的列

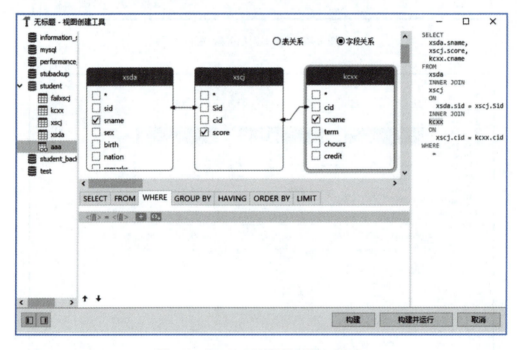

图 7-18　"WHERE"编辑界面的显示内容

（6）单击"＝"左边的"值"，选择 kcxx 表中的 cname 字段；再单击"＝"右边的"值"，在"自定义"中输入"MySQL 数据库"，在"WHERE"编辑界面设置筛选条件如图 7-19 所示。

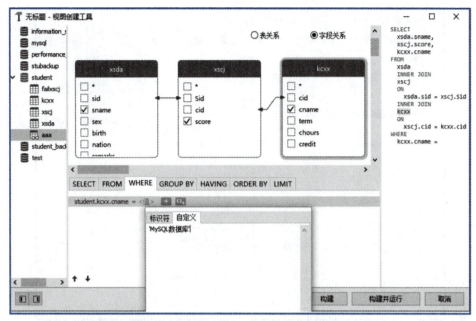

图 7-19　在"WHERE"编辑界面设置筛选条件

（7）设计好后，可以看到在视图设计器的最右边窗格中，自动生成了创建该视图的命令，如图 7-20 所示。

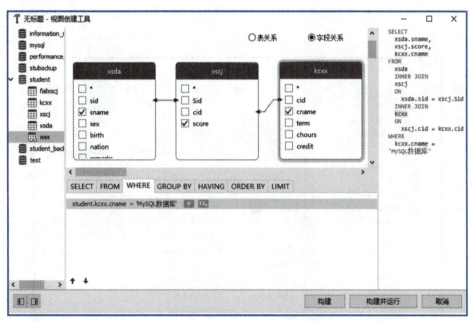

图 7-20　自动生成创建该视图的命令

（8）复制该命令，关闭视图设计器。将命令粘贴到视图定义区中，如图 7-21 所示，然后单击"保存"按钮，在弹出的"输入视图名"窗口中输入视图名"mysqlscore_view"。至此，该视图创建成功。

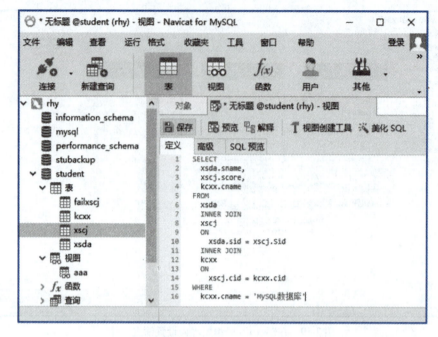

图 7-21 视图的定义区

（9）在对象管理器中，单击 student 数据库中的视图对象标签，可以看到名为"mysqlscore_view"的视图对象，在该视图上右击，选择打开视图，可以看到 mysqlscove_view 视图显示的内容，如图 7-22 所示。

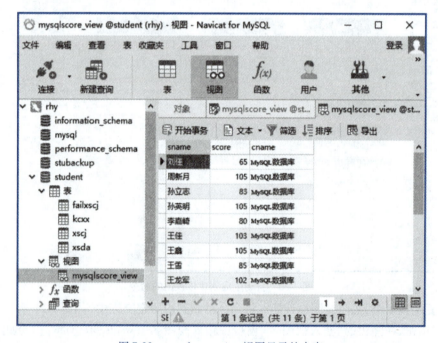

图 7-22 mysqlscore_view 视图显示的内容

项目实践

1. 实践任务

创建视图、管理和维护视图及使用视图。

2. 实践目的

(1)能使用 SQL 语句创建视图。

(2)能使用 SQL 语句管理和维护视图。

(3)学会查看和更新视图。

3. 实践内容

(1)创建一个用来描述商品基本信息的视图 goods_view,包括商品 ID、商品名称、商品价格和库存数量。

(2)使用 SQL 语句创建一个用来描述订单信息的视图 orders_view,包括订单 ID、用户名、商品名称和总金额等信息。

(3)分别使用 SHOW TABLE STATUS 语句和 DESC 语句查看 goods_view 视图信息。

(4)使用 SHOW CREATE VIEW 语句查看 orders_view 视图的定义文本。

(5)修改 orders_view 视图,修改后的视图信息包括订单 ID、商品名称和购买数量。

(6)删除 orders_view 视图。

(7)使用 UPDATE 语句更新 goods_view 视图,将所有商品的单价增加 10%。

(8)使用 DELETE 语句更新 goods_view 视图,删除数据表 goods 中的最后一条记录。

思考与探索

一、判断题

1. 视图可以像表一样进行查询、修改、删除和更新。 ( )

2. 创建视图可以基于数据表创建,但不能基于视图创建。 ( )

二、单选题

1. 下列可以查看视图的创建语句是( )。

   A. SHOW VIEW   B. SELECT VIEW

   C. SHOW CREATE VIEW   D. DISPLAY VIEW

2. 在视图上不能完成的操作是( )。

   A. 更新视图数据   B. 在视图上定义新基本表

   C. 在视图上定义新的视图   D. 查询

3. 下列可以对视图执行的操作有( )。

   A. SELECT   B. INSERT   C. DELETE   D. CREATE INDEX

4. 创建视图的命令是( )。

   A. CREATE DATABASE   B. CREATE TABLE

   C. CREATE VIEW   D. CREATE INDEX

5. 下列说法正确的是( )。
   A. 视图是观察数据的一种方法,只能基于基本表建立
   B. 视图是虚表,观察到的数据是实际基本表中的数据
   C. 视图不能增强数据的安全性
   D. 任何用户都可以创建视图

三、简述题

1. 简述视图与表的区别。
2. 简述视图的优点。

项目 8

使用索引优化查询"学生信息"数据库

任务情境

用户在使用"学生信息管理系统"查询数据时,当输入某个关键字查找相应的信息,都希望系统能快速响应。在数据库 student 中设计索引可以有效地提高数据检索的效率,帮助应用程序迅速找到特定的数据,而不必逐行扫描整个数据表。

学习目标

(1)通过本项目的学习,学生能够了解索引的用途;能够创建和管理索引。
(2)鼓励学生拓展思路、勇于探索,培养学生认真严谨、精益求精的科学精神。在实践过程中使学生重视合作的力量与价值,培育学生良好的诚信精神、合作意识,达成德育目标。

知识准备

问题 8-1　什么是索引?
问题 8-2　索引的用途是什么?
问题 8-3　有几种类型的索引?
问题 8-4　如何创建和管理索引?
问题 8-5　什么情况下适合创建索引?

任务 1　创建索引

任务分析

随着时间的推移,数据库中的数据量会越来越大,用户要从表中找到满足条件的记录所花的时间也会越来越长,为了让用户以最少的时间访问数据,可以创建索引提高数据的查询效率。

任务实施

（1）为 xsda 表的姓名列创建一个普通索引。

```
CREATE INDEX ix_sname
ON xsda(sname)
```

（2）为 kcxx 表的课程名称列创建唯一索引。

```
CREATE UNIQUE INDEX ui_cname
ON kcxx(cname)
```

任务 2　管理索引

任务分析

索引是数据库对象之一，查看索引情况是判断索引是否创建成功的一种手段。对于一些不再使用的索引，继续存在会降低表的更新速度，影响数据库性能，应该将其删除。

任务实施

（1）查看 kcxx 表的索引信息。

```
SHOW INDEX FROM kcxx;
```

（2）删除 kcxx 表中的索引 ui_cname。

```
DROP INDEX ui_cname ON kcxx;
```

（3）在 xsda 表中通过执行计划对比有索引和没有索引对查询效率的影响。

首先查看 xsda 表的索引信息，执行语句如下。

```
SHOW INDEX FROM xsda;
```

查看 xsda 表的索引信息的执行结果如图 8-1 所示，当前 xsda 表中有两个索引，分别是 sid 字段上创建的主键索引和 sname 字段上创建的普通索引。

Table	Non_unique	Key_name	Seq_in_index	Column_name	Collation	Cardinality	Sub_part	Packed	Null	Index_type	Comment
xsda	0	PRIMARY	1	sid	A	30	(Null)	(Null)		BTREE	
xsda	1	ix_sname	1	sname	A	30	(Null)	(Null)	YES	BTREE	

图 8-1　查看 xsda 表的索引信息的执行结果

使用执行计划 EXPLAIN 查看有索引的情况下，按照 sname 字段进行查询的执行情况。

```
EXPLAIN SELECT *  FROM xsda WHERE sname = '龙宇';
```

按照已创建索引的列查询 xsda 表的执行计划，其执行结果如图 8-2 所示。

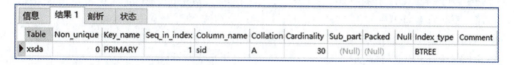

图 8-2　按照已创建索引的列查询 xsda 表的执行计划

删除 sname 字段上的索引 ix_sname，执行语句如下。

```
DROP INDEX ix_sname ON xsda;
```

查看删除索引后的索引信息，执行语句如下。

```
SHOW INDEX FROM xsda;
```

查看 xsda 表的索引信息的执行结果如图 8-3 所示，xsda 表只剩下了 sid 字段上的主键索引。

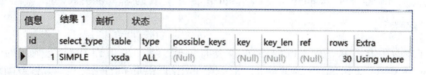

图 8-3　查看 xsda 表的索引信息的执行结果

再使用执行计划 EXPLAIN 查看没有索引的情况下，按照 sname 字段进行查询的执行情况。

```
EXPLAIN SELECT * FROM xsda WHERE sname = '龙宇';
```

按照没有索引的列查询 xsda 表的执行计划，其执行结果如图 8-4 所示。

信息	结果 1	剖析	状态						
id	select_type	table	type	possible_keys	key	key_len	ref	rows	Extra
1	SIMPLE	xsda	ALL	(Null)	(Null)	(Null)	(Null)	30	Using where

图 8-4　按照没有索引的列查询 xsda 表的执行计划

从显示结果可以看出，按照有索引的字段进行查询，只搜索了 1 行就找到了想要的数据。

如果按照没有创建索引的字段进行查询，搜索了 30 行才找到想要的数据。由此可见，如果表中记录越多，那么索引的查询效率就越高。

一、索引的用途与分类

1. 索引的用途

索引是加快检索表中数据的方法。表的索引类似于图书的目录。图书的目录能帮助学生无须阅读全书就可以快速地查找到所需的信息。在数据库中，索引也允许数据库程序迅速地找到表中的数据，而不必扫描整个表。在图书中，目录是内容和相应页码的清单。在数据库中，索引是表中数据和相应存储位置的列表。索引可以大大减少查找数据的时间。

在数据库中创建索引可以极大地提高系统的性能,主要表现如下。

(1)可以提高查询数据的速度。

(2)通过创建唯一索引,可以保证数据库表中每一行数据的唯一性。

(3)在实现数据的参照完整性方面,可以加速表和表之间的连接。

(4)在使用分组和排序子句进行数据查询时,可以减少分组和排序的时间。

索引虽然提高了系统性能,但是使用索引也是有代价的。例如,使用索引存储地址将占用磁盘空间,在增、删、改数据时,将花费一定的时间自动维护索引,因此,要合理设计索引。

2. 索引的分类

MySQL 中支持的索引主要是 BTREE(B-树)和 HASH 两种。BTREE 索引也是 MySQL 中最常用的索引结构,因此本书中所提的索引均为 BTREE 索引。

1)普通索引(INDEX)

普通索引是 MySQL 中的基本索引类型,允许在定义索引的列中插入重复值和空值。

2)唯一索引(UNIQUE)

唯一索引,索引列的值必须唯一,但允许有空值。一个表可以有多个唯一索引。

3)主键索引(PRIMARY KEY)

主键索引是一种特殊的唯一索引,不允许有空值,而且一个表只能有一个主键索引。

4)复合索引(又称组合索引或多列索引)

复合索引是在数据表的多个列的组合上创建的索引。

5)全文索引(FULLTEXT)

全文索引主要用来查找关键词,而不是直接与索引中的值相比较。目前,全文索引只能在 CHAR、VARCHAR 或 TEXT 类型的列上创建。早期的 MySQL 中只有 MyISAM 存储引擎支持全文索引,从 MySQL5.6 版本开始支持 InnoDB 存储引擎的全文索引。

二、创建索引

通常创建索引有三种方式,可以在创建表时创建索引,也可以在已经存在的表上使用 CREATE INDEX 语句创建索引或者使用 ALTER TABLE 语句创建索引。一个表中可以创建多个索引。

1. 在创建表时创建索引

语法格式如下。

```
CREATE TABLE 表名
(字段定义1,
字段定义2,
…
字段定义n,
[索引项]
)
```

其中,索引项基本书写格式如下。

```
PRIMARY KEY(列名表)                    #主键
| INDEX [索引名](列名表)                 #普通索引
| UNIQUE [INDEX] [索引名](列名表)        #唯一索引
| FULLTEXT [INDEX] [索引名](列名表)      #全文索引
```

【例8.1】在mydb数据库中创建一个商品信息表goods,并在表的gdCode(商品编号)列上创建名为"IX_gdCode"的唯一索引。goods表的结构见表8-1。

表8-1 goods表的结构

字段名	类型	是否允许为空	说明
gdID	int	not null	商品ID,主键,能够自增长
tID	int	not null	类别ID
gdCode	varchar(50)	not null	商品编号,唯一索引
gdName	varchar(100)	not null	商品名称
gdPrice	float	null	价格
gdQuantity	int	null	库存数量
gdAddTime	timestamp	null	下单时间

```
CREATE TABLE goods(
    gdID int PRIMARY KEY AUTO_INCREMENT,
    tID int NOT NULL,
    gdCode varchar(50) NOT NULL,
    gdName varchar(100) NOT NULL,
    gdPrice float,
    gdQuantity int,
    gdAddTime timestamp,
    UNIQUE INDEX IX_gdCode(gdCode)
)
```

2. 在已有的表上创建索引

1)使用CREATE INDEX语句创建索引

语法格式如下。

```
CREATE [UNIQUE |FULLTEXT] INDEX 索引名
ON 表名(字段名[ASC |DESC])
```

【例8.2】为商品信息表goods的商品名称gdName列创建一个普通索引。

```
CREATE INDEX ix_gdName
ON goods(gdName)
```

注意:索引名在一个表中必须唯一,但在数据库中不必唯一;不能在视图上建立任何索引,包括全文索引。

2)使用ALTER TABLE语句创建索引

语法格式如下。

```
ALTER TABLE 表名
ADD[UNIQUE |FULLTEXT] INDEX 索引名(字段名[ASC |DESC])
```

三、查看索引信息

索引创建好后,可以通过SQL语句查看索引的相关信息,语法格式如下。

```
SHOW INDEX FROM 表名;
或 SHOW KEYS FROM 表名;
```

【例8.3】 查看 goods 表的索引信息。

```
SHOW INDEX FROM goods;
```

查看 goods 表的索引信息的执行结果如图 8-5 所示。

信息	结果1	剖析	状态								
Table	Non_unique	Key_name	Seq_in_index	Column_name	Collation	Cardinality	Sub_part	Packed	Null	Index_type	Comment
goods	0	PRIMARY	1	gdID	A	0	(Null)	(Null)		BTREE	
goods	0	IX_gdCode	1	gdCode	A	0	(Null)	(Null)		BTREE	
goods	1	ix_gdName	1	gdName	A	0	(Null)	(Null)		BTREE	

图 8-5　查看 goods 表的索引信息的执行结果

图 8-5 显示了在该表中建立有三个索引,表中各字段具体说明如下。
- Table:表示建立索引的表名。
- Non_unique:表示索引是否包含重复值,不能包含为 0,否则为 1。
- Key_name:表示索引的名称,当该值为 PRIMARY 时,表示为主键索引。
- Seq_in_index:表示索引的序列号,从 1 开始。
- Column_name:表示建立索引的列名称。
- Collation:表示列以什么方式存储在索引中,有值为"A"(升序)或 NULL(无分类)。
- Cardinality:表示索引中唯一值的数目的估计值。其基数根据被存储为整数的统计数据来计数,越大,当进行联合查询时,MySQL 使用该索引的机会就越大。
- Sub_part:表示若列只是被部分地编入索引,则为被编入索引的字符的数目。若整列被编入索引,则为 NULL。
- Packed:表示关键字如何被压缩。若没有被压缩,则为 NULL。
- Null:表示若列含有 NULL,则为 YES。若没有,则该列为 NO。
- Index_type:表示索引类型(BTREE、FULLTEXT、HASH、RTREE)。
- Comment:表示注释。

四、维护索引

创建索引之后,对表的添加、修改、删除等操作会使得索引页出现碎片,影响数据查询性能。为了提高查询效率,数据库管理员需要定期对索引进行相应维护,其中包括删除索引、修改索引和重建索引。

1. 删除索引

当不再需要索引时,可以使用 ALTER TABLE 语句或者 DROP INDEX 语句删除索引。
(1)使用 ALTER TABLE 语句删除索引。
语法格式如下。

```
ALTER TABLE 表名
DROP INDEX 索引名;
```

【例8.4】 删除 goods 表中名为"IX_gdCode"的唯一索引。

```
ALTER TABLE goods
DROP INDEX IX_gdCode;
```

命令执行后,可以使用 SHOW 命令查看该索引是否被删除。

```
SHOW INDEX FROM goods;
```

查看 goods 表的索引信息的执行结果如图 8-6 所示。

Table	Non_unique	Key_name	Seq_in_index	Column_name	Collation	Cardinality	Sub_part	Packed	Null	Index_type	Comment
goods	0	PRIMARY	1	gdID	A	0	(Null)	(Null)		BTREE	
goods	1	ix_gdName	1	gdName	A	0	(Null)	(Null)		BTREE	

图 8-6 查看 goods 表的索引信息的执行结果

对比图 8-5,可以发现索引 IX_gdCode 已经被删除了。
(2)使用 DROP INDEX 语句删除索引。
语法格式如下。

```
DROP INDEX 索引名 ON 表名;
```

【例8.5】 删除 goods 表中名为"ix_gdName"的索引。

```
DROP INDEX ix_gdName ON goods;
```

命令执行后,可以使用 SHOW 命令查看该索引是否被删除。

注意:删除表中的列时,会删除与该列相关的索引信息。若待删除的列为索引的组成部分,则该列也会从索引中删除。若组成索引的所有列都被删除,则整个索引将被删除。

2. 修改索引

在 MySQL 中并没有提供修改索引的直接指令,一般情况下,需要先删除原索引,再根据需要创建一个同名的索引,实现修改索引的操作,从而优化数据查询性能。

3. SQL 的执行计划

创建索引的主要目的是提高查询效率。要了解创建索引和不创建索引查询语句执行情况,在 MySQL 中,EXPLAIN 语句是查看查询优化器如何决定执行查询的主要方法,它提供的信息,有助于数据库程序员了解 MySQL 优化器如何工作,并生成查询计划。

EXPLAIN 语句的语法格式如下。

```
EXPLAIN 查询语句
```

执行该语句,可以分析 EXPLAIN 后 SELECT 语句的执行情况,并且能够分析出所查询表的一些特征。

【例8.6】 使用 EXPLAIN 语句分析 goods 表在没有创建索引的情况下,通过商品名称查询商品的执行情况。

为了能查看到 goods 表的执行情况,先向 goods 表中添加数据商品信息表(goods)中的数据见表 8-2。

表 8-2　商品信息表(goods)中的数据

gdID	tID	gdCode	gdName	gdPrice	gdQuantity	gdAddTime
1	1	1	迷彩帽	63	1500	2021/9/7 10:21
3	2	3	牛肉干	94	200	2021/9/7 10:21
4	2	4	零食礼包	145	17900	2020/9/7 10:21
5	1	5	运动鞋	400	1078	2021/9/7 10:21
6	5	6	咖啡壶	50	245	2021/9/7 10:21
8	1	8	A字裙	128	400	2021/9/7 16:31
9	5	9	LED 小台灯	29	100	2021/9/7 16:33
10	3	10	华为 P9_PLUS	3980	20	2021/9/7 20:34

插入数据后,执行如下命令。

```
EXPLAIN SELECT *  FROM goods WHERE gdName = '牛肉干';
```

按照未创建索引的列查询 goods 表的执行计划,其执行结果如图 8-7 所示。

id	select_type	table	type	possible_keys	key	key_len	ref	rows	Extra
1	SIMPLE	goods	ALL	(Null)	(Null)	(Null)	(Null)	8	Using where

图 8-7　按照未创建索引的列查询 goods 表的执行计划

通过图 8-7,可以看到 EXPLAIN 语句用于对查询的类型、可能的键值、扫描的行数等进行分析。表格中列的具体内容说明如下。

• id 列用于标识 SELECT 所属的行。

• select_type 列显示对应行是简单还是复杂的 SELECT 语句。

• table 列显示查询正访问的表,可以是表的名称或是表的别名。

• type 列显示查询的关联类型,有无使用索引,也可以说是 MySQL 决定如何查找表中的行。如果 type 列的值为 ALL,那么表示全表扫描;如果为 ref,那么表示索引查找。

• possible_keys 列指出 MySQL 使用哪个索引在该表中找到行。如果该列值为 NULL,那么没有相关的索引。

• key 列表示查询优化使用哪个索引可以最小化查询成本。如果没有可选择的索引,那么该列的值是 NULL。

• key_len 列表示 MySQL 选择的索引字段按字节计算的长度,如 INT 类型长度为 4 字节,若键的值是 NULL,则长度为 NULL。

• ref 列表示使用哪个列或常数与 key 记录的索引一起查询记录。

• rows 列表示为找到所需的行而要读取的行数。它不是 MySQL 认为最终要从表里取出的行数,而是必须读取行的平均数。

• Extra 列表示 MySQL 在处理查询时的额外信息。

从图 8-7 的显示结果可以看出,商品查询的执行计划采用的是简单的 SELECT 语句,相关表为 goods,使用全表扫描,总检查数据行为"8"。

【例 8.7】 在 goods 表的 gdName 字段上创建普通索引,然后使用 EXPLAIN 语句分析 goods 表在有索引的情况下,通过商品名称查询商品的执行情况。

```
CREATE INDEX ix_gdName
ON goods(gdName)
```

索引创建成功后,执行语句如下。

```
EXPLAIN SELECT * FROM goods WHERE gdName = '牛肉干';
```

按照已创建索引的列查询 goods 表的执行计划,其执行结果如图 8-8 所示。

id	select_type	table	type	possible_keys	key	key_len	ref	rows	Extra
1	SIMPLE	goods	ref	ix_gdName	ix_gdName	302	const	1	Using where

图 8-8 按照已创建索引的列查询 goods 表的执行计划

从图 8-8 的显示结果可以看出,商品查询的执行计划采用的是简单的 SELECT 语句,相关表为 goods,使用索引查找,总检查数据行为"1"。

通过对比图 8-7 和图 8-8 的结果,可以看到创建索引后,大大提高了查询效率。

五、索引的设计原则

高效的索引有利于快速查找数据,而设计不合理的索引可能会对数据库和应用程序的性能造成障碍。因此创建索引时应尽量考虑符合以下原则,以提升索引的使用效率。

(1)不要建立过多的索引。索引并非越多越好,一个表中如有大量的索引,不仅占用磁盘空间,还会降低写操作的性能。在修改表时,索引必须进行更新,有时可能还需要重构,因此,索引越多,所花的时间也就越长。

(2)为用于搜索、排序或分组的列创建索引,而用于显示输出的列则不宜创建索引。最适合创建索引的列是出现在 WHERE 子句中的列,或出现在连接子句、分组子句和排序子句的列,而不是出现在 SELECT 关键字后面的选择列表中的列。

(3)使用唯一索引,并考虑数据列的基数。数据列的基数是指它所容纳的所有非重复值的个数。相对于表中行的总数来说,列的基数越高(也就是说,它包含的唯一值多,重复值少),索引的使用效果越好。

(4)使用短索引,应尽量选用长度较短的数据类型。因为较短值选为索引,可以加快索引的查找速度,也可以减少对磁盘 I/O 的请求。另外对于较短的键值,索引高速缓存中的块能容纳更多的键值,这样就可以直接从内存中读取索引块,提高查找键值的效率。

(5)为字符串类型的列建立索引时,应尽可能指定前缀长度,而不是索引这些列的完整长度,这样可以节省大量的索引空间,提高查询速度。

(6)利用最左前缀。在创建一个包含 n 列的复合索引时,实际是创建了 MySQL 可利用的 n 个索引。复合索引相当于建立多个索引,因为可利用索引中最左边的列集来匹配行。

(7)让参与比较的索引类型保持匹配。在创建索引时,大部分存储引擎都会选择需要使用的索引实现。例如,InnoDB 和 MyISAM 存储引擎使用 BTREE 索引。

 任务评价

任务评价表

技能目标	索引的创建、查看和删除			
综合素养 自我评价	需求分析能力	灵活运用代码的能力	排查错误能力	团队协作能力

 拓展学习

一、使用 MySQL 图形化管理工具 Navicat 创建索引

使用 Navicat for MySOL 图形化管理工具在 xsda 表的学生姓名（sname）上建立普通索引。具体步骤如下。

（1）打开 Navicat for MySQL，连接 MySQL 服务器，进入 Navicat for MySQL 主界面，展开"连接"框中的连接名，双击打开要操作的数据库 student_backup，双击"表"，右侧空白区域会出现数据库中所包含的数据表。

（2）选中要设置唯一索引的 xsda 表，右击，在弹出的快捷菜单中选择"设计表"命令，弹出 xsda 表的编辑界面，切换到"索引"选项卡，将出现索引编辑界面，如图 8-9 所示。

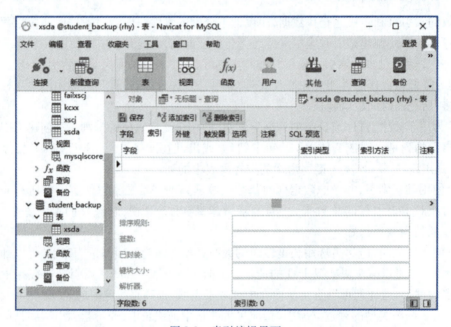

图 8-9　索引编辑界面

（3）单击工具栏中的"添加索引"按钮，在"名"编辑框中输入索引名"ix_sname"，单击"字段"编辑框右侧的"…"按钮，选择要创建索引的数据列"sname"，单击"索引类型"编辑框的下拉列表，在下拉列表中选择"NORMAL"（普通索引），单击"索引方法"编辑框的下拉列表，在下拉列表中选择"BTREE"，设置索引如图 8-10 所示。

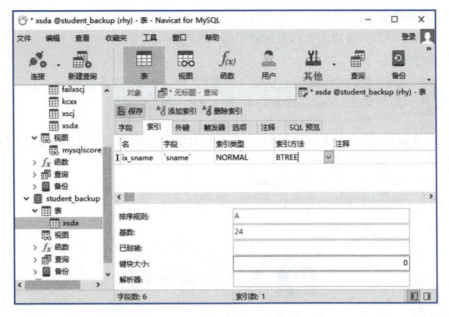

图 8-10　设置索引

（4）单击索引设计工具栏上的"保存"按钮，即完成索引的创建。

注意：索引设计中的"索引类型"可以选择 Normal、Unique、Full Text 三种选项，"索引方法"可以选择 BTREE 或 HASH 选项，由于 MyISAM 和 InnoDB 存储引擎只支持 BTREE 索引，因此本书选择的索引类型为 BTREE 类型。

二、使用 MySQL 图形化管理工具 Navicat 管理索引

使用 Navicat for MySQL 查看管理 xsda 表中的索引。具体步骤如下。

（1）打开 Navicat for MySQL，连接 MySQL 服务器，进入 Navicat for MySQL 主界面，展开"连接"框中的连接名，双击打开要操作的数据库 student_backup，双击"表"，右侧空白区域会出现数据库中所包含的数据表。

（2）选中要设置唯一索引的 xsda 表，右击，在弹出的快捷菜单中选择"设计表"命令，弹出 xsda 表的编辑界面，切换到"索引"选项卡，将出现索引编辑界面，如图 8-10 所示。

（3）此时在 xsda 表中建立的索引都会在此显示，可以继续添加新的索引，也可以修改已有索引的名字、更改索引列。修改完成后，单击工具栏的"保存"按钮即可完成索引的修改。如果某个索引需要删除，那么选中该索引行，单击工具栏的"删除索引"按钮即可完成索引的删除。

项目实践

1. 实践任务

创建索引、查看索引和维护索引。分析查询执行计划，优化数据查询。

2. 实践目的

（1）能使用 SQL 语句创建索引。

（2）学会查看索引信息。

（3）掌握维护索引的方法。

（4）能使用 EXPLAIN 语句分析查询语句的执行情况。

3. 实践内容

（1）在 goodstype 表的 tName 列上创建一个名为"IX_tName"的普通索引。

（2）使用 SQL 语句在 goods 表的 gdCode 和 gdName 列上创建一个名为"IX_gdCN"的复合索引。

（3）分别使用 SHOW CREATE TABLE 语句和 SHOW INDEX FROM/SHOW KEYS FROM 语句查看索引 IX_gdCN 的相关信息。

（4）使用 SQL 语句删除（2）创建的索引。

（5）使用 EXPLAIN 语句分析创建 IX_tName 索引和不创建 IX_tName 索引的执行速度的差别。

思考与探索

一、判断题

1. 修改表时，索引必须进行更新，因此，索引越多，所花的时间也就越长。（   ）

2. 创建视图可以基于数据表创建，但不能基于视图创建。（   ）

二、单选题

1. 下列关于索引描述中错误的是（   ）。
 A. 索引可以提高数据查询的速度 B. 索引可以降低数据的插入速度
 C. InnoDB 存储引擎支持全文索引 D. 删除索引的命令是 DROP INDEX

2. MySQL 中唯一索引的关键字是（   ）。
 A. FULLTEXT INDEX B. OLNY INDEX
 C. UNIQUE INDEX D. INDEX

3. 下列不能用于创建索引的是（   ）。
 A. 使用 CREATE INDEX 语句 B. 使用 CREATE TABLE 语句
 C. 使用 ALTER TABLE 语句 D. 使用 CREATE DATABASE 语句

4. 索引可以提高哪一操作的效率？（   ）
 A. INSERT   B. UPDATE   C. DELETE   D. SELECT

5. 下列不适合建立索引的情况是（   ）。
 A. 经常被查询的列 B. 包含太多重复值的列
 C. 主键或外键列 D. 具有唯一值的列

三、简述题

1. 简述索引的作用。

2. 索引对查询产生了什么影响？索引的缺点是什么？

3. 常见的索引分为哪几类？分别描述一下。

项目 9

使用程序操作"学生信息"数据库

任务情境

在"学生信息管理系统"中,用户经常查询学生的成绩等信息。由于该查询在程序中使用频率非常高,因此,开发人员想用一种可以重复使用而又高性能的方式来实现。

学习目标

(1)通过本项目的学习,学生能够了解变量的概念、变量的类型和变量的作用;能了解并使用 SQL 的流程控制语句解决实际问题;能创建存储过程来处理复杂的业务。

(2)培养学生对知识的综合运用能力;培养学生做事谦虚谨慎,善于发现问题和解决问题的能力;激发学生不怕困难、勇于开拓、脚踏实地的工作精神;培育学生团结协作、包容尊重、诚信友善和责任担当的优良品质。

知识准备

问题 9-1 什么是变量?
问题 9-2 MySQL 中支持哪几种类型的变量?
问题 9-3 如何创建存储过程?
问题 9-4 存储过程中参数的传递方法有哪些?
问题 9-5 MySQL 中条件分支语句有哪些?它们的执行过程分别是什么?
问题 9-6 MySQL 中条件循环语句有哪些?它们的执行过程分别是什么?

任务 1　使用函数实现数据访问

任务分析

MySQL 中提供了很丰富的函数,通过这些函数,可以简化用户的操作,也可以自定义函数来提高代码的重用性。通过使用函数可以有效地实现数据库中的程序模块化设计。

任务实施

(1) 在命令行界面，创建函数 fnGetName，根据学生的学号查询学生的姓名。若没有找到，则显示"查无此人"。

```
DELIMITER //
CREATE FUNCTION fnGetName(id BIGINT)
RETURNS VARCHAR(8)
BEGIN
DECLARE num int;
    SELECT count(*) INTO num FROM xsda WHERE sid=id;
    IF num>0 THEN
        RETURN(SELECT sname FROM xsda WHERE sid=id);
    Else
        RETURN '查无此人';
    END IF;
END //
DELIMITER ;
```

(2) 调用函数 fnGetName，查询学号为"202025080106"的学生的姓名。

```
SELECT fnGetName(202025080106);
```

函数 fnGetName 的执行结果 1 如图 9-1 所示。

(3) 调用函数 fnGetName，查询学号为"202025080100"的学生的姓名。

```
SELECT fnGetName(202025080100);
```

函数 fnGetName 的执行结果 2 如图 9-2 所示。

图 9-1　函数 fnGetName 的执行结果 1　　图 9-2　函数 fnGetName 的执行结果 2

(4) 查看函数 fnGetName 的定义。

```
SHOW CREATE FUNCTION fnGetName;
```

(5) 删除函数 fnGetName。

```
DROP FUNCTION fnGetName;
```

任务 2　使用存储过程实现数据访问

任务分析

用户自定义函数可以实现用户的某些要求，但是它只能返回一个值，不能有更多的返回值。因此,引入存储过程可以带回更多的返回值并且能处理更为复杂的任务,为应用开发提供更大的方便。存储过程是数据库中重要的对象,它可以封装具有一定功能的语句块,并将其编译后保存在数据库中,供用户反复使用。

任务实施

(1)在"查询窗口"创建一个存储过程 proAvgScore,按课程编号统计该课程的平均成绩,如果平均成绩在 80 分及以上,显示"成绩优秀",并显示前三个最高的成绩;如果平均成绩在 80 分以下,显示"成绩一般",并显示后三个最低的成绩。

```
CREATE PROCEDURE proAvgScore(id char(8))
BEGIN
DECLARE myavg float;
SELECT AVG(score) INTO myavg FROM xscj WHERE cid = id;
SELECT id AS '课程编号',myavg AS '平均成绩';
IF myavg > = 80 THEN
    SELECT '本课程成绩优秀,前三个最高的成绩为:';
    SELECT *  FROM xscj WHERE cid = id ORDER BY score DESC LIMIT 3;
ELSE
    SELECT '本课程成绩一般,后三个最低的成绩为:';
    SELECT *  FROM xscj WHERE cid = id ORDER BY score LIMIT 3;
END IF;
END;
```

(2)调用存储过程 proAvgScore。

```
CALL proAvgScore('104');
```

(3)查看存储过程 proAvgScore 的定义。

```
SHOW CREATE PROCEDURE proAvgScore;
```

(4)删除名为"proAvgScore"的存储过程。

```
DROP PROCEDURE proAvgScore;
```

一、SQL 程序语言基础

1.变量

变量指的是在程序运行过程中会变化的量。MySQL 中常用的变量主要有三种类型,分别是局部变量、用户变量和系统变量。

1)局部变量

局部变量一般用在 SQL 语句块(如存储过程的 BEGIN 和 END)中。其作用域仅限于它所在的语句块内,当语句块执行完毕后,局部变量就消失了。局部变量需要先声明,然后再使用,语法格式如下。

- 局部变量的声明。

```
DECLARE 局部变量名 类型[DEFAULT 默认值];
```

- 局部变量的赋值。

```
SET 局部变量名=表达式;
```

- 输出局部变量的值。

```
SELECT 局部变量名;
```

【例9.1】定义一个存储过程,实现局部变量的定义、赋值和输出。

```
CREATE PROCEDURE proc1()          #创建存储过程
BEGIN
DECLARE c int DEFAULT 0;          #声明一个整型的局部变量c,同时给c赋值为"0"
SELECT c AS result;               #输出变量c的值
END;
```

关于创建存储过程的方法会在本项目后续的知识储备中详细讲解。存储过程 proc1()创建成功后,调用该存储过程,执行语句如下。

```
CALL proc1();        #调用存储过程
```

存储过程 proc1()的执行结果如图9-3所示。

在存储过程的外面调用局部变量c,代码如下。

```
SELECT c;
```

局部变量在定义块的外面调用,其执行结果如图9-4所示。从显示结果可以看出,局部变量不能在定义它的块的外面使用。

图9-3 存储过程 proc1()的执行结果　　　　图9-4 局部变量在定义块的外面调用

除了可以直接将一个表达式赋值给变量,还可以使用 SELECT...INTO 语句将表的查询结果赋值给变量。

【例9.2】定义一个存储过程,将表查询的结果赋值给局部变量 stuname。

```
CREATE PROCEDURE proc2()
BEGIN
DECLARE stuname varchar(10);      #声明一个字符型变量 stuname
SELECT sname INTO stuname FROM xsda WHERE sno=202025080108;
SELECT stuname;
End;
```

存储过程 proc2()创建成功后,调用该存储过程,执行语句如下。

```
CALL proc2();
```

存储过程 proc2()的执行结果如图 9-5 所示。

注意:
- 给局部变量起的名字必须与数据表和列的名字有所区别。
- 查询语句的返回结果必须是一个值时,才可以赋值给变量。因为在某一时刻,一个变量只能存放一个值。

图 9-5　存储过程 proc2()的执行结果

2) 用户变量

用户变量也是由用户自己定义的,它是在当前会话(当前本次登录)中有效的。用户变量名由"@"作为前缀,并且不用声明,可以直接使用。

- 用户变量的赋值

使用 SET 命令和 SELECT 命令都可以给用户变量赋值,SET 命令可以使用"="或者":="给用户变量赋值,而 SELECT 命令只能使用":="给用户变量赋值,语法格式如下。

方法一:使用 SET 命令给用户变量赋值。

```
SET 用户变量名=表达式;
```

或

```
SET 用户变量名:=表达式;
```

方法二:使用 SELECT 命令给用户变量赋值。

```
SELECT 用户变量名:=表达式;
```

- 输出用户变量的值,与输出局部变量的值相同,语法格式如下。

```
SELECT 用户变量名;
```

【例 9.3】 定义一个存储过程,实现用户变量的赋值和输出。

```
CREATE PROCEDURE proc3()
BEGIN
SET @name = '张三';
SELECT @name;
END;
```

存储过程 proc3()创建成功后,调用该存储过程,执行语句如下。

```
CALL proc3();
```

存储过程 proc3()的执行结果如图 9-6 所示。

在存储过程的外面查询用户变量@name,执行语句如下。

```
SELECT CONCAT(@name,'你好!');
```

用户变量可以在定义块的外面使用,其执行结果如图 9-7 所示。从显示结果可以看出,用户变量在整个会话中都有效。

图 9-6　存储过程 proc3()的执行结果

图 9-7　用户变量可以在定义块的外面使用

局部变量和用户变量的主要区别如下。
- 用户变量以"@"字符开头,局部变量没有修饰符号。
- 用户变量不需要声明,可以直接使用;局部变量需要使用 DECLARE 语句声明。
- 用户变量在当前会话中有效,局部变量只在 BEGIN 和 END 语句块之间有效,该语句块执行完毕,局部变量就失效了。

3)系统变量

MySQL 中的系统变量分为 SESSION(会话)变量和 GLOBAL(全局)变量。SESSION 变量只对当前会话(当前连接)有效,而 GLOBAL 变量则对整个服务器全局有效。无论是会话变量还是全局变量,都可以使用 SET 命令修改其值。当一个全局变量被改变时,新的值对所有新的连接有效,但对已经存在的连接无效。而会话变量的改变只对当前连接有效,当一个新的连接出现时,会话变量的默认值就起了作用。

- 全局变量的基本表示方法。

```
@@global.变量名
```

- 会话变量的基本表示方法。

```
@@session.变量名
```

【例9.4】设置和查看全局变量。

```
SHOW GLOBAL VARIABLES;                              #查看所有的全局变量
SELECT @@global.auto_increment_increment;           #查看全局变量,自动增长步长的值
SET GLOBAL auto_increment_increment = 3;            #修改全局变量的第一种方法
SET @@global.auto_increment_increment = 10;         #修改全局变量的第二种方法
```

除了可以使用 SELECT 语句查看某一个系统变量,还可以使用 SHOW VARIABLES 语句查看所有的系统变量。

【例9.5】设置和查看会话变量。

```
SHOW SESSION VARIABLES;                             #查看所有的会话变量
SELECT @@session.auto_increment_increment;          #查看会话变量,自动增长步长的值
SET SESSION auto_increment_increment = 3;           #修改会话变量的第一种方法
SET @@session.auto_increment_increment = 10;        #修改会话变量的第二种方法
SET @@auto_increment_increment = 2;                 #省略系统变量前面的关键字为会话变量
SELECT @@auto_increment_increment;                  #省略系统变量前面的关键字为会话变量
```

注意:如果在@@后面直接跟系统变量名,则该变量为会话变量。

2. 常量

常量是指在程序运行过程中,其值不会发生改变的量。一个数字、一个字母或一个字符串等都可以是一个常量。MySQL 中提供了多种类型的常量。

1)字符串常量

字符串是指用单引号或双引号括起来的字符序列。例如,'早上好'和"早上好"都是一个字符串常量。字符串常量分为两种。

- ASCII 字符串常量是用单引号括起来的,由 ASCII 字符构成的符号串,如'Hello'和'How

are you！'。

• Unicode 字符串常量与 ASCII 字符串常量相似,但它前面有一个 N 标识符。N 必须为大写,并且只能用单引号(')括起字符串,如 N'hello'。

在字符串中不仅可以使用普通的字符,还可以使用转义字符。转义字符可以代替特殊的字符,如换行符和退格符。每个转义序列以一个反斜杠(\)开始,指出后面的字符使用转义字符来解释,而不是普通字符。表 9-1 列出了常用的转义字符。

表 9-1　常用的转义字符

转义字符	说　明
\'	单引号(')
\"	双引号(")
\b	退格符
\n	换行符
\r	回车符
\t	Tab 字符
\\	反斜杠(\)字符

2)数值常量

数值常量可以分为整型常量和浮点型常量。整型常量为不带小数点的十进制数,如 +1453、20 和 -213432 等。浮点型常量是带小数点的数值常量,如 -5.43、1.5E6 和 0.5E-2 等。

3)日期时间常量

用单引号将表示日期时间的字符串括起来就是日期时间常量。例如,'2019-08-12 14:26:24:00'就是一个合法的日期时间常量。

日期型常量包括年、月、日,数据类型为"DATE",表示为'2000-12-12'这样的值。时间型常量包括小时数、分钟数、秒数和微秒数,数据类型为"TIME",表示为'15:25:43:00'。MySQL 还支持日期/时间的组合,数据类型为"DATETIME",表示为'2000-12-12 15:25:43:00'。

4)布尔值常量

布尔值只包含 TRUE 和 FALSE 两个值,其中 TRUE 表示真,对应的数字值为"1",FALSE 表示假,对应的数字值为"0"。

5)NULL 值常量

NULL 值适用于各种类型,它通常用来表示"没有值""无数据"等意义,并且与数字类型的"0"或字符串类型的空字符串不同。

3. 运算符和表达式

运算符是执行数学运算、字符串连接及列、常量和变量之间进行比较的符号。运算符按照功能的不同,分为以下几种。

算术运算符: +、-、*、/、%

赋值运算符: =、:=

逻辑运算符: !(NOT)、&&(AND)、||(OR)、XOR

位运算符: &、^、<<、>>、~

比较运算符:=、< >(! =)、< = >、<、< = 、>、> =、IS NULL

以上运算符的意义和优先级与高级语言中的运算符基本相同,这里不再赘述。

表达式是按照一定的原则,用运算符将常量、变量、标识符等对象连接而成的有意义的式子。

【例 9.6】 运算符和表达式使用示例。

```
SET @x=5,@y=3;
SET @x=@x+@y;
SELECT @x;
```

二、SQL 的流程控制

SQL 语言也像其他程序设计语言一样有顺序结构、分支结构和循环结构等流程控制语句。通过流程控制语句来控制 SQL 语句、语句块、函数和存储过程的执行过程,实现数据库中较为复杂的程序逻辑。

1. 条件分支语句

条件分支语句是通过对特定条件的判断,选择其中一个分支的语句执行。SQL 语言中可以实现条件分支的语句有 IF、IFNULL、IF...ELSE、CASE 等四种。

1) IF 语句

IF 语句是一个三目运算,其语法格式如下。

```
IF(条件表达式,结果1,结果2);
```

其中,当"条件表达式"的值为 TRUE 时,返回"结果 1",否则返回"结果 2"。

【例 9.7】 在 student 数据库中,查询 xsda 表的前 5 条记录,输出 sName 字段和 nation 字段的值。当 nation 字段的值为 NULL 时,输出字符串"Nothing",否则显示当前字段的值。

```
SELECT sName,IF(nation is NULL,'Nothing', nation) as nation
FROM xsda
LIMIT 5;
```

IF 语句示例的执行结果如图 9-8 所示。

从显示结果可以看出,第 2 行记录的 nation 的值显示为"Nothing"。

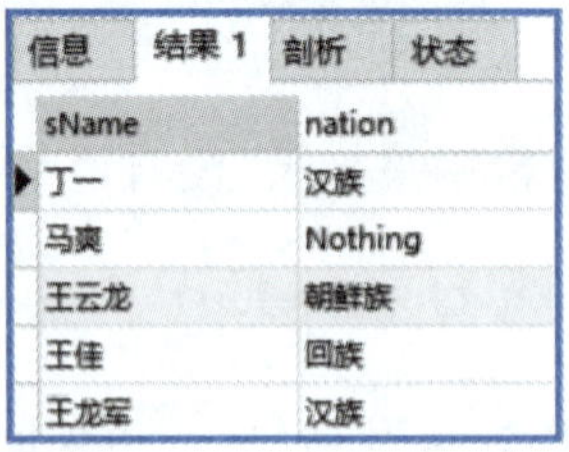

sName	nation
丁一	汉族
马爽	Nothing
王云龙	朝鲜族
王佳	回族
王龙军	汉族

图 9-8 IF 语句示例的执行结果

2) IFNULL 语句

IFNULL 语句是一个双目运算,其语法格式如下。

```
IFNULL(结果1,结果2);
```

其中,若结果 1 的值不为空,则返回结果 1,否则返回结果 2。

【例 9.8】查询 kcxx 表的前 5 条记录,输出 cName 字段和 credit 字段的值。当 credit 字段不为空时,输出 credit 字段值,否则输出“no credit”。

```
SELECT cName,IFNULL(credit, 'no credit') as credit
FROM kcxx
LIMIT 5;
```

IFNULL 语句示例的执行结果如图 9-9 所示。

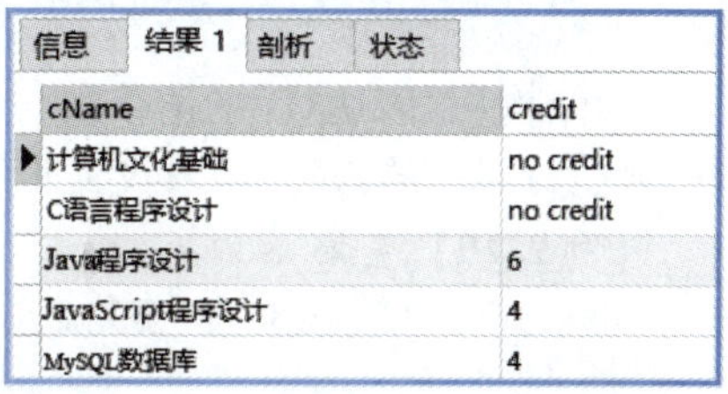

cName	credit
计算机文化基础	no credit
C语言程序设计	no credit
Java程序设计	6
JavaScript程序设计	4
MySQL数据库	4

图 9-9　IFNULL 语句示例的执行结果

从显示结果可以看出,第 1、2 行记录的 credit 值为“no credit”。

3) IF...ELSE 语句

IF...ELSE 语句的使用方法和其他程序设计语言中的 IF...ELSE 完全相同。MySQL 中 IF...ELSE 语句允许嵌套使用,且嵌套层数没有限制,其语法格式如下。

```
IF 条件表达式 1 THEN
语句块 1;
[ELSEIF 条件表达式 2  THEN
语句块 2;]
……
[ELSE
语句块 n;]
END IF
```

其中,若“条件表达式 1”的值为 TRUE,则执行“语句块 1”;若“条件表达式 1”的值不为 TRUE,则继续向下判断 ELSEIF 后的条件表达式,当某一个表达式为 TRUE,则执行相应的语句块,若都不为 TRUE,则执行“语句块 n”,执行其中一个分支后,则跳出 IF 结构,每个语句块都可以包含一个或多个语句。

【例 9.9】创建存储过程,在 xsda 表中按照姓名查询某个同学,若找到,则显示该同学的具体信息,若没找到,则显示“查无此人”。

```
CREATE PROCEDURE locate_stu(IN stuname varchar(10))
BEGIN
    DECLARE num int;
    SELECT count(*) INTO num FROM xsda WHERE sname = stuname;
    IF num > 0 THEN
        SELECT * FROM xsda WHERE sname = stuname;
    ELSE
        SELECT '查无此人';
    END IF;
END;
```

4) CASE 语句

CASE 语句能够根据表达式的不同取值,转向不同的计算或处理。当条件判断的范围较大时,使用 CASE 会使得程序的结构更为简洁。CASE 语句具有简单结构和搜索结构两种语法。

• CASE 简单结构

CASE 简单结构将表达式与一组简单表达式进行比较以确定结果，语法格式如下。

```
CASE 表达式
    WHEN 数值 1 THEN 语句 1
    [WHEN 数值 2 THEN 语句 2]
    …
    [ELSE 语句 n]
END
```

该结构用“表达式”的值依次与 WHEN 子句后的“数值”进行比较，若找到完全相同的项时，则执行对应的语句；若未找到匹配项，则执行 ELSE 后的语句。

【例 9.10】 查询 xsda 表，输出前 5 个学生的 sname、sex 和 SexValue，性别为“男”对应的 SexValue 值为“1”，性别为“女”对应的 SexValue 值为“0”。

```
SELECT sname,sex,
        CASE sex
            WHEN '男' THEN 1
            ELSE 0
        END AS SexValue
FROM xsda
LIMIT 5;
```

CASE 简单结构示例的执行结果如图 9-10 所示。

从显示结果可以看出，性别为“男”对应的 SexValue 值为“1”，性别为“女”对应的 SexValue 值为“0”。

注意：

在这个例子中，CASE 语句是作为表达式嵌套在查询语句中使用的。在这种情况下，每个分支只能引导具体的值，而不能引导语句，并且每个分支的结尾不加分号；此外，CASE 简单结构的结束标志用的是 END，而不能用 END CASE。

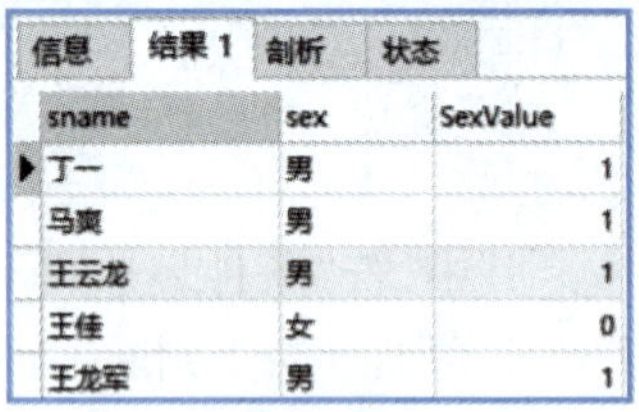

sname	sex	SexValue
丁一	男	1
马爽	男	1
王云龙	男	1
王佳	女	0
王龙军	男	1

图 9-10　CASE 简单结构示例的执行结果

CASE 简单结构有一个局限性，它只能与具体的值进行比较，而不能判断是否满足某个范围，若想与范围进行比较，则可以使用 CASE 搜索结构。

• CASE 搜索结构

CASE 搜索结构用于搜索条件表达式，以确定相应的操作。

语法格式如下。

```
CASE
    WHEN 条件表达式 1 THEN 语句 1;
    [WHEN 条件表达式 2 THEN 语句 2;]
    …
    [ELSE 语句 n;]
END CASE;
```

该结构依次判断 WHEN 子句后的“条件表达式”的值是否为 TRUE，若为 TRUE，则执行对应的语句；若所有的“条件表达式”的值均为 FALSE，则执行 ELSE 后的语句；若无 ELSE 子句，则返回为 Null。

【例9.11】创建存储过程,通过成绩给出等级,90<=成绩<=100,优秀;80<=成绩<90,良好;60<=成绩<80,及格;0<=成绩<60,不及格;其他情况显示"成绩错误"。

```
CREATE PROCEDURE getgrade(IN score float)
BEGIN
  CASE
    WHEN score >=90 AND score <=100 THEN SELECT '优秀' AS grade;
    WHEN score >=80 AND score <90 THEN SELECT '良好' AS grade;
    WHEN score >=60 AND score <80 THEN SELECT '及格' AS grade;
    WHEN score >=0 AND score <60 THEN SELECT '不及格' AS grade;
    ELSE SELECT '成绩错误' AS grade;
  END CASE;
END;
```

调用该存储过程,CASE 搜索结构示例的执行结果如图9-11 所示。

```
CALL getgrade(60);
```

图9-11 CASE 搜索结构示例的执行结果

在这个例子中,CASE 语句作为独立的语句来使用。

注意:当 CASE 语句作为独立的语句就要使用 END CASE 作为结束的标志,并且每个分支也要用分号结尾。

2. 循环语句

在 MySQL 中,循环语句可以在函数、存储过程或者触发器等内容中使用。每一种循环都是重复执行的一个语句块,该语句块可以包括一条或多条语句。MySQL 中有 WHILE、REPEAT 和 LOOP 三种形式的循环语句。

1) WHILE 语句

WHILE 语句的基本语法如下。

```
[开始标签:]WHILE 条件表达式 DO
循环体;
END WHILE [结束标签];
```

其中,"开始标签"和"结束标签"分别表示循环开始和结束的标识,这两个标识必须相同,可以省略。

执行过程:当条件表达式运算结果为 TRUE(真)时,循环执行循环体,直到条件表达式的结果为 FALSE(假)时退出循环。

【例9.12】创建存储过程,使用 WHILE 语句循环输出 1~100 的和。

```
CREATE PROCEDURE getSum()
BEGIN
    SET @count=1;
    SET @sum=0;
    WHILE @count<=100 DO
        SET @sum=@sum+@count;
        SET @count=@count+1;
    END WHILE;
    SELECT @sum;
END;
```

在循环体中,可以使用循环控制语句,使得循环结构在处理时变得更方便、更灵活。循环控制语句有如下两个。

- LEAVE:跳出所在的循环,与高级语言中的 BREAK 语句类似,其语法格式如下。

```
LEAVE 标签名;
```

- ITERATE:结束本次循环,继续执行下一次循环,与高级语言中 CONTINUE 类似,其语法格式如下。

```
ITERATE 标签名;
```

【例9.13】假如投资的年利率是5%,试求从1 000元增长到5 000元,需要花费多少年?

```
CREATE PROCEDURE getYears()
BEGIN
SET @year=0;
SET @money=1000;
a:WHILE true DO
        SET @money=@money+@money* 0.05;
        SET @year=@year+1;
        IF @money>=5000 THEN
            LEAVE a;
        END IF;
END WHILE a;
SELECT @year;
END
```

注意:当要使用循环控制语句时,标签就必须写上。

2) LOOP 语句

LOOP 语句可以使某些特定的语句重复执行,实现一个简单的循环,基本语法如下。

```
[开始标签:] LOOP
    循环体
END LOOP [结束标签];
```

注意:LOOP 语句没有停止循环的语句,必须和 LEAVE 语句结合使用才能停止循环。

【例9.14】LOOP 语句示例。

```
CREATE PROCEDURE pro_loop()
BEGIN
    SET @count=0;
    add_num:LOOP
        SET @count=@count+1;
    END LOOP add_num;
    SELECT @count;
END;
```

本例中,循环语句的开始标签为"add_num",循环体执行变量@count加1的操作。由于循环里没有跳出循环的语句,因此这个循环是死循环。

【例9.15】 修改例9.14,使用 LEAVE 语句跳出循环。

```
CREATE PROCEDURE pro_loop()
BEGIN
        SET @count=0;
        add_num: LOOP
            SET @count=@count+1;
            IF @count=100 THEN
                LEAVE add_num;
            END IF;
        END LOOP add_num;
        SELECT @count;
END;
```

本例中,循环体仍执行@count 加 1 操作。与例 9.14 不同的是,当@count 的值等于 100 时,跳出标识为"add_num"的循环。

3) REPEAT 语句

REPEAT 语句是有条件控制的循环语句,当满足 UNTIL 后的条件时,就会跳出循环。REPEAT语句的语法格式如下。

```
[开始标签:] REPEAT
    循环体;
    UNTIL 条件表达式
END REPEAT [结束标签];
```

【例9.16】 使用 REPEAT 语句循环输出 1~100 的和。

```
CREATE PROCEDURE pro_repeat()
BEGIN
    SET @count =1;
    SET @sum=0;
    REPEAT
        SET @sum=@sum+@count;
        SET @count=@count+1;
        UNTIL @count>100
    END REPEAT;
END;
```

注意:REPEAT 语句是在执行循环体内的语句块后再执行"条件表达式"的比较,不管条件是否满足,循环体至少执行一次;而 WHILE 语句则是先执行"条件表达式"的比较,当结果为 TRUE 时再执行循环体中的语句块。

三、函数

函数是存储在服务器端的 SQL 语句的集合。MySQL 中的函数分为 MySQL 提供的内部函数和用户自定义函数两大类。MySQL 提供了很丰富的内部函数,主要包括数学函数、字符串函数、日期时间函数、条件判断函数、系统信息函数、加密函数、格式化函数等。这些内部函数可以简化数据库操作,提高 MySQL 的处理速度。另外,根据业务需求,用户可以在 MySQL 中编写用户自定义函数来完成特定的功能。用户使用自定义函数,可以避免重复编写相同的 SQL 语句,减少客户端和服务器的数据传输。

1. MySQL 内部函数

MySQL 内部函数是 MySQL 数据库提供的函数。这些内部函数可以帮助用户更加方便地处理表中的数据。SQL 语句和表达式中都可以使用这些函数。下面介绍几类常用的 MySQL 内部函数。

1)数学函数

数学函数主要用于处理数字,包括整数、浮点数等。数学函数包括绝对值函数、正弦函数、余弦函数和随机函数等,见表 9-2。

表 9-2 数学函数

函数名称	作用
ABS(x)	返回 x 的绝对值
CEIL(x),CEILING(x)	返回大于或等于 x 的最小整数
FLOOR(x)	返回小于或等于 x 的最大整数
RAND()	返回 0~1 之间的随机数
RAND(x)	返回 0~1 之间的随机数,若 x 相同,则返回的随机数相同
SIGN(x)	返回 x 的符号。若 x 是负数则返回 −1,若 x 是 0 则返回 0,若 x 是正数则返回 1
PI()	返回圆周率(3.141593)
TRUNCATE(x,y)	返回数值 x 保留到小数点后 y 位的值
ROUND(x)	返回离 x 最近的整数
ROUND(x,y)	返回 x 小数点后 y 位的值,截断时要进行四舍五入
POW(x,y),POWER(x,y)	返回 x 的 y 次方
SQRT(x)	返回 x 的平方根
EXP(x)	返回 e 的 x 次方
MOD(x,y)	返回 x 除以 y 以后的余数

【例 9.17】输出半径为"2"的圆的面积。

SELECT PI()* POW(2,2);

2)字符串函数

字符串函数主要用于处理字符串。字符串函数包括字符串长度、合并字符串、在字符串中插入子串和大小字母之间切换等函数,见表 9-3。

表 9-3 字符串函数

函数名称	作用
LENGTH(s)	返回字符串 s 的长度
CONCAT(s1,s2,…)	将字符串 s1、s2 等多个字符串合并为一个字符串
UPPER(s),UCASE(s)	将字符串 s 的所有字母都变成大写字母

续表

函数名称	作 用
LOWER(s), LCASE(s)	将字符串 s 的所有字母都变成小写字母
LEFT(s,n)	返回字符串 s 的前 n 个字符
RIGHT(s,n)	返回字符串 s 的后 n 个字符
LTRIM(s)	去掉字符串 s 开始处的空格
RTRIM(s)	去掉字符串 s 结尾处的空格
TRIM(s)	去掉字符串 s 开始处和结尾处的空格
REPEAT(s,n)	将字符串 s 重复 n 次
SPACE(n)	返回 n 个空格
REPLACE(s,s1,s2)	用字符串 s2 替代字符串 s 中的字符串 s1
STRCMP(s1,s2)	比较字符串 s1 和 s2
SUBSTRING(s,n,len)	获取从字符串 s 中的第 n 个位置开始长度为 len 的子字符串
INSTR(s,s1)	返回字符串 s1 在符字 s 中的起始位置
REVERSE(s)	将字符串 s 的顺序反过来

【例9.18】输出合并的两个子字符串,并在两个子字符串之间插入 1 个空格。

```
SELECT CONCAT('beijing', SPACE(1),'changsha');
```

3) 日期时间函数

日期时间函数主要用于处理日期和时间数据。日期时间函数包括获取当前日期的函数、获取当前时间的函数、计算日期的函数、计算时间的函数等,见表 9-4。

表 9-4 日期时间函数

函数名称	作 用
CURDATE( )	返回当前日期
CURTIME( )	返回当前时间
NOW( )	返回当前日期和时间
MONTH(d)	返回日期 d 中的月份值,范围是 1~12
MONTHNAME(d)	返回日期 d 中的月份名称,如 January、February 等
DAYNAME(d)	返回日期 d 是星期几,如 Monday、Tuesday 等
DAYOFWEEK(d)	返回日期 d 是星期几,如 1 表示星期日,2 表示星期一等
WEEK(d)	计算日期 d 是本年的第几个星期,范围是 0~53
DAYOFYEAR(d)	返回日期 d 是本年的第几天
DAYOFMONTH(d)	返回日期 d 是本月的第几天
YEAR(d)	返回日期 d 中的年份值
HOUR(t)	返回时间 t 中的小时值
MINUTE(t)	返回时间 t 中的分钟值
SECOND(t)	返回时间 t 中的秒钟值

【例9.19】获取系统当前日期时间的年份值、月份值、日期值、小时值和分钟值。

```
SET @mydate = CURDATE();
SET @mytime = CURTIME();
SELECT YEAR(@mydate),MONTH(@mydate),DAYOFMONTH(@mydate),
HOUR(@mytime),MINUTE(@mytime);
```

日期时间函数使用示例的执行结果如图9-12所示。

图9-12　日期时间函数使用示例的执行结果

运行结果的日期是2023年2月13日,时间是20点09分。

4）系统信息函数

系统信息函数用来查询MySQL数据库的系统信息,如查询数据库版本、数据库当前用户等,见表9-5。

表9-5　系统信息函数

函数名称	作　　用
VERSION()	返回数据库的版本号
CONNECTION_ID()	返回服务器的连接数
DATABASE()	返回当前数据库名
CURRENT_USER()	返回当前用户

【例9.20】获取MySQL版本号、连接数和数据库名。

```
SELECT VERSION(), CONNECTION_ID(),DATABASE();
```

系统信息函数使用示例的执行结果如图9-13所示。

从显示结果可以看出,当前版本号为"5.5.28",连接ID值为"8",当前数据库为"student"。

图9-13　系统信息函数使用示例的执行结果

2. 用户自定义函数

1）创建用户自定义函数

在MySQL中,创建用户自定义函数的语法格式如下。

```
CREATE FUNCTION 函数名([形式参数列表])
RETURNS 返回值类型
BEGIN
    sql 语句
END;
```

在形式参数列表中每个参数由参数名称和参数类型组成,参数与参数间用逗号分隔。参数的定义的语法格式如下。

| 参数名 类型 |

【例 9.21】 在 Navicat 的"查询"窗口中,创建函数 fnCount,返回学生的人数。

```
CREATE FUNCTION fnCount()
RETURNS INTEGER
BEGIN
    RETURN(SELECT COUNT(*) FROM xsda);
END;
```

注意:在 MySQL 的命令行界面中,由于服务器处理语句是以分号为结束标志的,即:当 SQL 语句输入完毕,输入分号按回车键后系统便开始执行该代码。但是在创建自定义函数时,函数体中可能包含多个 SQL 语句,每个 SQL 语句都以分号结尾,这时服务器处理程序遇到第一个分号就会认为程序结束,这样程序无法正常执行,因此在书写程序前先使用 DELIMITER 命令将 SQL 语句的结束标志修改为其他符号。

修改默认结束符的语法格式如下。

| DELIMITER 结束符 |

例如,重新指定 MySQL 的结束符为//,代码如下。

| DELIMITER // |

注意:

//是用户定义的结束符,通常这个符号可以是一些特殊的符号,如"#""$$"等。当使用 DELIMITER 命令时,应该避免使用反斜杠("\")字符,因为那是 MySQL 的转义字符。

执行完这条命令后,程序结束的标志就换为两个斜杠"//"符号了,可以输入如下命令检验一下。

| SELECT * FROM users // |

要想恢复使用分号";"作为结束符,就运行下面的命令。

| DELIMITER ; |

【例 9.22】 在命令行界面,创建函数 fnGetBig,判断两个输入的整数哪个更大,输出较大的数。

```
mysql > DELIMITER //
mysql > CREATE FUNCTION fnGetBig(num1 int,num2 int)
    -> RETURNS int
    -> BEGIN
    -> IF num1 > num2 THEN
    ->     RETURN num1;
    -> ELSE
    ->     RETURN num2;
    -> END if;
    -> END//
Query OK, 0 rows affected (0.00 sec)
mysql > DELIMITER ;
```

2）调用函数

在 MySQL 中，用户自定义函数的使用方法与 MySQL 内部函数的使用方法是一样的。区别在于用户自定义函数是用户自己定义的，而内部函数是 MySQL 的开发者定义的。所以调用用户自定义函数的方法也差不多，主要使用 SELECT 关键字，语法格式如下。

```
SELECT 函数名([实际参数列表]);
```

【例 9.23】调用函数 fnCount。

```
SELECT fnCount();
```

调用函数示例的执行结果如图 9-14 所示。

【例 9.24】调用函数 fnGetBig，求两个数中较大的数。

```
SELECT fnGetBig(12,35);
```

调用带参数的函数示例的执行结果如图 9-15 所示。

图 9-14　调用函数示例的执行结果　　图 9-15　调用带参数的函数示例的执行结果

3）查看函数的定义

MySQL 中可以通过 SHOW STATUS 语句查看函数的状态，语法格式如下。

```
SHOW FUNCTION STATUS [ LIKE '匹配模式'];
```

MySQL 也可以通过 SHOW CREATE 语句查看函数的定义，语法格式如下。

```
SHOW CREATE FUNCTION 函数名;
```

【例 9.25】查看函数 fnCount 的定义。

```
SHOW CREATE FUNCTION fnCount;
```

4）修改函数

MySQL 中通过 ALTER FUNCTION 语句修改用户自定义函数，该命令只能修改自定义函数的特点，不能修改它的定义。要修改自定义函数的定义，只能删除它，再根据需要创建一个同名的自定义函数。

5）删除函数

删除函数是指删除数据库中已经存在的函数。MySQL 中使用 DROP FUNCTION 语句来删除函数，其语法格式如下。

```
DROP FUNCTION 函数名;
```

【例 9.26】删除函数 fnCount。

```
DROP FUNCTION fnCount;
```

四、存储过程

在 MySQL 中，可以定义一组能完成特定功能的 SQL 语句集，当首次执行时，MySQL 会将其保留在内存中,以后调用时就不需要再进行编译,这样的语句集称为存储过程。存储过程是数据库对象之一,它提供了一种高效和安全地访问数据库的方法,经常被用来访问数据和管理要修改的数据。当希望在不同的应用程序或平台上执行相同的语句集,或者封装特定功能时,存储过程也是非常有用的。

使用存储过程的优点有如下几个方面。

• 存储过程执行一次后,其执行规划就驻留在高速缓冲存储器中,以后需要操作时,只需从高速缓冲存储器中调用已编译好的二进制代码执行即可,从而提高了系统性能。

• 存储过程创建好以后,可以多次被用户调用,而不必重新编写 SQL 语句,如果业务规则发生改变,那么只需要修改存储过程来适应新的业务规则即可,客户端应用程序不需要修改,从而实现了程序的模块化设计思想。

• 用户可以使用存储过程完成所有数据库操作,而不需要授予其直接访问数据库对象的权限,相当于把用户和数据库隔离开,进一步保证了数据的完整性和安全性。

1. 创建存储过程

(1)在 Navicat 的"查询"窗口中,创建存储过程的语法格式如下。

```
CREATE PROCEDURE 存储过程名([形式参数])
BEGIN
    sql 语句
END;
```

因为在"查询"窗口中的命令需要选中才能执行,所以在 END 后可以直接使用分号,而不需要自定义结束符号。

【例 9.27】 在"查询"窗口创建一个存储过程,实现功能:统计 xsda 表中学生的人数。

```
CREATE PROCEDURE proNum()
BEGIN
    SELECT COUNT(*)人数 FROM xsda;
END;
```

(2)在命令行界面下,创建存储过程的语法格式如下。

```
DELIMITER 自定义提交符号
CREATE PROCEDURE 存储过程名([形式参数])
BEGIN
    sql 语句
END 自定义提交符号
DELIMITER;
```

在 MySQL 中,默认的提交符号是";",DELIMITER 的作用是给存储过程的定义重新指定一个提交符号。因为在一个存储过程的定义中,一般是由多条语句组成的,每一条语句都是以分号结尾,用于向 MySQL 提交语句。而存储过程需要定义好后一起提交,所以需要更改提交符号。存储过程定义完成后,可以再把提交符号恢复到原来的分号。

【例 9.28】 在命令行界面创建一个存储过程,统计 xsda 表中男女生分别有多少人。

```
mysql > DELIMITER //
mysql > CREATE PROCEDURE proMFNum()
```

```
        ->BEGIN
        ->SELECT sex,COUNT(*) 人数 FROM xsda GROUP BY sex;
        ->END//
Query OK, 0 rows affected (0.00 sec)
mysql>DELIMITER ;
```

注意：一般使用"$$"或"//"作为自定义的结束符。

2. 调用存储过程

存储过程定义好后，需要调用它才能被执行，MySQL 中使用 CALL 语句来调用存储过程，语法格式如下。

CALL 存储过程名([实际参数])

【例 9.29】调用存储过程 proMFNum，统计 xsda 表中男女生分别有多少人。

CALL proMFNum()

调用存储过程示例的执行结果如图 9-16 所示，分别显示出男女生的人数。

图 9-16　调用存储过程
示例的执行结果

3. 存储过程中参数的传递方法

实际应用中，为了满足不同查询的需要，通常为存储过程指定参数，来实现更灵活、更复杂的操作。使用参数要指明参数的传递方向、参数名和参数的数据类型，多个参数中间用逗号分隔。存储过程可以有 0 个、1 个或多个参数。MySQL 存储过程支持 3 种参数传递方向：输入参数、输出参数和输入/输出参数，关键字分别是 IN、OUT 和 INOUT，默认为输入参数。当没有参数时，存储过程名称后面的括号不能省略。

（1）创建和调用带输入参数的存储过程。

【例 9.30】创建存储过程，按照传过来的值，向表中批量添加指定数量的记录。

首先在 mydb 数据库中创建一个数据表 myUsers，表中包含用户名和密码两个字段。

```
CREATE TABLE myUsers(
    username varchar(20),
    pwd varchar(20)
    );
```

下面创建存储过程，按照传过来的值，向表中插入指定条数的记录，语法格式如下。

```
CREATE PROCEDURE proInsert(IN insertCount int)
BEGIN
DECLARE i int DEFAULT 1;
WHILE i<=insertCount DO
    INSERT users VALUES(CONCAT('lily',i),'666');
    SET i=i+1;
END WHILE;
SELECT *  FROM myUsers;
END;
```

调用存储过程 proInsert,向表中插入 5 条记录。

```
CALL proInsert(5);
```

调用带输入参数的存储过程示例的执行结果如图 9-17 所示。

图 9-17　调用带输入参数的存储过程示例的执行结果

根据实际需要,有的存储过程还需要输入多个参数。

【例 9.31】封装一个有参数的存储过程,输入学生的姓名和课程名称,查找该学生的成绩。

```
USE student;
CREATE PROCEDURE find_score(IN name varchar(5),IN course varchar(20))
BEGIN
    SELECT sname,cname,score
    FROM xsda JOIN xscj ON xsda.sid=xscj.sid
    JOIN kcxx  ON kcxx.cid=xscj.cid
    WHERE sname=name AND cname=course;
END;
```

调用该存储过程,查询"刘佳"同学的"MySQL 数据库"课程的成绩,代码如下。

```
CALL find_score('刘佳','MySQL 数据库');
```

调用带两个输入参数的存储过程,其执行结果如图 9-18 所示。

图 9-18　调用带两个输入参数的存储过程

(2)创建和调用带输出参数的存储过程。

【例 9.32】封装一个有参数的存储过程,传入学生的学号,返回该学生的姓名。

```
USE student;
CREATE PROCEDURE find_name(IN stuno bigint,OUT stuname varchar(5))
BEGIN
    SELECT sname INTO stuname FROM xsda WHERE sid=stuno;
END;
```

调用该存储过程,查询学号是"202025080120"的学生的姓名,代码如下。

```
CALL find_name(202025080120,@name);
SELECT @name;
```

调用带输入和输出参数的存储过程,其执行结果如图 9-19 所示。

调用存储过程时,OUT 参数对应的实参不能是具体的值,而必须是一个用户变量,因为只有用户变量才能将值从存储过程中传出来。

(3)创建和调用带输入输出参数的存储过程。

【例 9.33】封装一个存储过程,传入月薪,可以返回对应的年薪。

```
CREATE PROCEDURE annual_salary(INOUT salary decimal)
BEGIN
     SET salary = salary* 12;
END;.
```

假设月薪为"5895.5",调用该存储过程,求年薪是多少?

```
SET @salary=5895.5;
CALL annual_salary(@salary);
SELECT @salary;
```

调用带输入和输出参数的存储过程,其执行结果如图 9-20 所示。

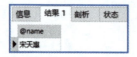   

图 9-19　调用带输入/输出参数的存储过程　　图 9-20　调用带输入/输出参数的存储过程

INOUT 参数既可以向存储过程传入值,又可以从存储过程中把值传出来。调用存储过程时,INOUT 的实参不能是具体的值,必须是一个用户变量,因为只有用户变量才能把值传出来。

4. 查看存储过程

(1)查看当前存在的存储过程。

语法格式如下。

```
SHOW PROCEDURE STATUS [LIKE'匹配模式']);
```

(2)查看存储过程的定义。

语法格式如下。

```
SHOW CREATE PROCEDURE 存储过程名;
```

【例 9.34】查看存储过程 find_stu 的定义。

```
SHOW CREATE PROCEDURE find_stu;
```

5. 修改存储过程

存储过程的定义不能修改,只能修改它的特点。要修改存储过程,只能删除它,再根据需要创建一个同名的存储过程。

6. 删除存储过程

语法格式如下。

```
DROP PROCEDURE 存储过程名;
```

【例 9.35】删除名为"find_stu"的存储过程。

```
DROP PROCEDURE find_stu;
```

任务评价表

技能目标	存储过程的创建和使用;函数的创建和使用			
综合素养	需求分析能力	灵活运用代码的能力	排查错误能力	团队协作能力
自我评价				

拓展学习

一、使用 MySQL 图形化管理工具 Navicat 创建和管理自定义函数

在 student 数据库中创建一个函数,要求输入学生性别,返回该性别学生人数,具体步骤如下。

(1)打开 Navicat for MySQL,连接 MySQL 服务器,打开 Navicat 主界面。

(2)在对象管理器中展开 student 数据库,在"函数"对象上右击,在弹出的快捷菜单中选择"新建函数"命令,弹出"函数向导"界面,输入函数名"student_count",选择"函数"单选按钮,然后单击"下一步"按钮函数名设置界面如图 9-21 所示。

图 9-21 函数名设置界面

(3)进入输入参数设置界面,其中"名"为输入参数的名称,"类型"为该参数所对应的数据类型,这里添加参数名称为"vsex"(不要用数据表列名或 SQL 关键字)、数据类型为"char",参数设置界面如图 9-22 所示,然后单击"下一步"按钮。

(4)进入返回值设置界面,设置函数返回值的类型、长度、字符集等信息,如图 9-23 所示。设置完成后,单击"完成"按钮。

图 9-22 参数设置界面

图 9-23 返回值设置界面

(5)进入函数定义编辑界面,在函数代码中添加"SELECT count(＊) FROM xsda WHERE sex = vsex",如图 9-24 所示。

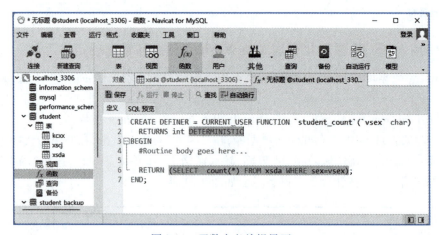

图 9-24 函数定义编辑界面

(6)代码修改完成后,单击工具栏上的"保存"按钮,即可完成函数的创建。在对象管理器中,单击 student 数据库中的函数对象标签,可以看到名为"student_count"的函数对象。

(7)在 student_count 函数对象上右击,选择"运行函数",弹出"输入参数"提示框,如图 9-25 所示。

(8)输入参数值,如"男",然后单击"确定"按钮运行该函数,显示函数的运行结果,如图 9-26 所示。

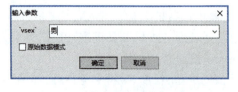

图 9-25 "输入参数"提示框

图 9-26 函数的运行结果

(9)如果需要修改函数,那么选中 student 数据库中要修改的函数名,右击,在弹出的快捷菜单中选择"设计函数"命令,将弹出函数定义编辑界面,如图 9-24 所示。在此可以修改函数的定义,修改完成后,单击"保存"按钮,即可完成函数的修改。

(10)如果要删除函数,那么也是选中要删除的函数名,右击,在弹出的快捷菜单中选择"删除函数"命令,即可实现函数的删除。

二、使用 MySQL 图形化管理工具 Navicat 中的函数向导创建存储过程

在 student 数据库中创建存储过程 student_info,查询 xsda 表中的学生信息。要求输入学生性别,并返回学生姓名和出生日期。具体步骤如下。

(1)打开 Navicat,连接 MySOL 服务器,进入 Navicat for MySOL 主界面。

(2)在对象管理器中展开 student 数据库,在"函数"对象上右击,在弹出的快捷菜单中选择"新建函数"命令,如图 9-27 所示。

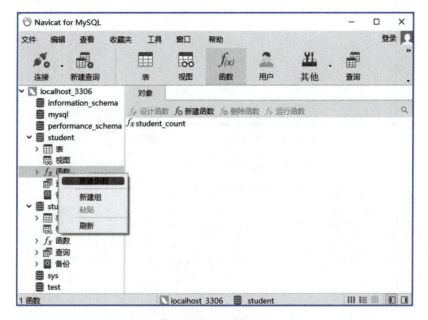

图 9-27 选择"新建函数"命令

(3)在弹出的"函数向导"界面中,输入过程名"student_info",选择"过程"单选按钮,如图 9-28 所示,然后单击"下一步"按钮。

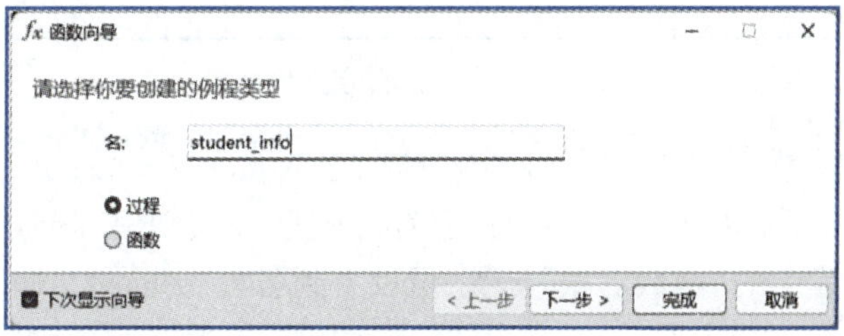

图 9-28 "函数向导"界面

(4)进入"请输入这个例程的参数"界面,"模式"为参数的类型,提供了 IN、OUT 和 INOUT 三种选择,"名"为输入参数的名字,"类型"为输入参数的数据类型。若有多个参数,则可单击左下方的"+"按钮添加新的参数,如图 9-29 所示。参数设置完成后,单击"完成"按钮。

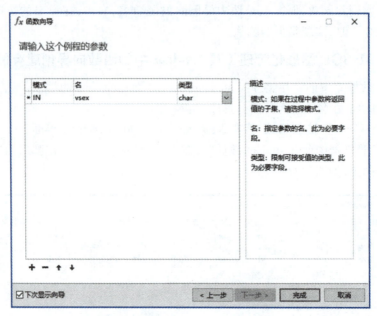

图 9-29 "请输入这个例程的参数"界面

(5)进入存储过程定义界面,在"定义"选项卡的编辑区域,输入如下语句,如图 9-30 所示。

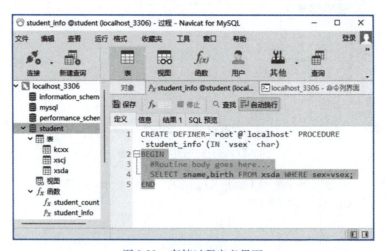

图 9-30 存储过程定义界面

SELECT sname,birth FROM xsda WHERE sex = vsex;

(6)语句输入完成后,单击工具栏上的"保存"按钮,即可创建存储过程。在对象管理器中,单击 student 数据库中的"函数对象"标签,可以看到名为"student_info"的存储过程对象。

(7)在 student_info 对象上右击,在弹出的快捷菜单中选择"运行函数"命令,弹出"输入参数"提示框。如图 9-31 所示。

(8)输入参数值,如"女",然后单击"确定"按钮运行该存储过程,显示存储过程的运行结果,如图9-32所示。

图 9-31 "输入参数"提示框　　　　　图 9-32 存储过程的运行结果

(9)如果需要修改存储过程,那么选中 student 数据库中要修改的存储过程名,右击,在弹出的快捷菜单中选择"设计函数"命令,将弹出存储过程定义界面,如图 9-30 所示。在此可以修改存储过程的定义,修改完成后,单击"保存"按钮,即可完成存储过程的修改。

(10)如果要删除存储过程,那么也是选中要删除的存储过程名,右击,在弹出的快捷菜单中选择"删除函数"命令,即可实现存储过程的删除。

项目实践

1. 实践任务

创建和调用函数,创建和调用存储过程。

2. 实践目的

(1)能正确使用 SQL 语言中的流程控制语句。
(2)能正确使用 MySQL 提供的常用函数。
(3)能使用 SQL 语句创建和调用用户自定义函数。
(4)能使用 SQL 语句创建、调用和管理存储过程。

3. 实践内容

(1)创建并调用用户自定义函数 fnUsersCount,查询 2015 年 1 月 1 日以后注册的用户总数。
(2)使用 SQL 语句查看用户自定义函数 fnUsersCount。
(3)创建并调用存储过程 spGetInteger,输入 100 以内能够同时被 3 和 5 整除的整数。
(4)创建并调用存储过程 spRandRecord,为 users 表添加 100 条测试记录。
(5)创建并调用存储过程 spUserOrder,根据指定的 uID 查询用户的订单总数。
(6)删除存储过程 spUserOrder。
(7)创建存储过程 spOrdersCount,统计查询每个用户的订单数。

思考与探索

一、判断题

1. 存储过程创建后,可以多次被用户调用,从而实现了模块化设计的思想。　　(　　)

2. 存储过程可以把用户和数据库隔离开,进一步保证了数据的完整性和安全性。(   )
3. MySQL 中每一条语句都以分号结尾,用于向 MySQL 提交语句。   (   )
4. LEAVE 语句的作用是结束本次循环,继续执行下一次循环。   (   )
5. MySQL 中的系统变量分为会话变量和全局变量。   (   )
6. 局部变量的作用域仅限于它所在的语句块内,不需要声明,可以直接使用。   (   )

二、单选题

1. 以下哪项不是使用存储过程的好处?(   )
   A. 确保了数据库安全　　　　　　　　　B. 实现了程序的模块化设计思想
   C. 简化了查询　　　　　　　　　　　　D. 提高了系统性能
2. 存储程序中选择语句有(   )。
   A. IF　　　　　　B. WHILE　　　　　C. SELECT　　　　　D. SWITCH
3. MySQL 中使用(   )语句来调用存储过程。
   A. EXEC　　　　　B. CALL　　　　　　C. EXECUTE　　　　　D. CREATE
4. MySQL 支持的变量类型有用户变量、系统变量和(   )。
   A. 成员变量　　　B. 局部变量　　　　C. 全局变量　　　　　D. 时间变量
5. 表达式 SELECT (9+6*5+3%2)/5-3 的运算结果是(   )。
   A. 1　　　　　　B. 3　　　　　　　C. 5　　　　　　　　D. 7
6. 返回 0~1 的随机数的数学函数是(   )。
   A. RAN()　　　　B. SIGN(x)　　　　C. ABS(x)　　　　　D. PI()
7. 计算字段的累加和函数是(   )。
   A. SUM()　　　　B. ABS()　　　　　C. COUNT()　　　　　D. PI()
8. 返回当前日期的函数是(   )。
   A. CURTIME()　　B. ADDDATE()　　　C. CURNOW()　　　　　D. CURDATE()
9. 创建用户自定义函数的关键语句是(   )。
   A. CREATE FUNCTION　　　　　　　　B. ALTER FUNCTION
   C. CREATE PROCEDURE　　　　　　　D. ALTER PROCEDURE

三、简述题

1. 简述使用存储过程的好处。
2. 简述存储过程和自定义函数的区别。

项目 10

维护"学生信息"数据库的安全性

任务情境

在"学生信息管理系统"中,不同的用户对数据的操作是不同的。例如,教师可以录入、修改和查询所授课程的学生成绩,学生却只能查询自己的成绩。这就意味着数据库开发人员需要在 student 数据库中为他们分别创建用户账户,并赋予不同的权限来满足各自的需求。

学习目标

(1)通过本项目的学习,学生能够了解用户和权限等相关概念;学会创建和删除用户;学会对用户权限进行授予、查看和收回等操作。

(2)结合数据库管理安全方面的特性,结合未来工作的特点,强调信息安全和诚信守法;引导学生树立正确的职业道德和职业操守;培育学生正确的人生观、价值观和维护国家安全、社会安全、集体安全意识,达成德育目标。

知识准备

问题 10-1　MySQL 用户的类型有哪些?
问题 10-2　如何创建和查看用户?
问题 10-3　如何修改和删除用户?
问题 10-4　怎样授予用户权限?
问题 10-5　怎样查看用户权限?
问题 10-6　怎样收回用户权限?

任务 1　用户管理

任务分析

用户要访问 student 数据库,首先必须能连接数据库所在的 MySQL 服务器,才能进行后续的操作，这就要求必须拥有登录 MySQL 服务的用户名和密码。

任务实施

（1）创建用户 stu01，密码是"666"，只能从本机登录。

```
CREATE USER 'stu01'@'localhost' IDENTIFIED BY '666';
```

（2）创建用户 stu02，密码是"888"，可以从任意主机登录。

```
CREATE USER 'stu02'@'%' IDENTIFIED BY '888';
```

（3）把用户 stu02 重命名为"tea01"。

```
RENAME USER 'stu02'@'%' TO 'tea01'@'%';
```

（4）查看当前 MySQL 服务器中有哪些用户。

```
SELECT * FROM mysql.user;
```

任务 2　权限管理

任务分析

用户与 MySQL 数据库服务器建立连接后，执行 SQL 语句，MySQL 将逐级进行权限检查，查看用户是否具有操作对象的 SQL 语句的执行权限。

任务实施

（1）授予用户 stu01 对 student 数据库中 kcxx 表的查询权限。

```
GRANT SELECT ON student.kcxx TO 'stu01'@'localhost';
```

（2）授予用户 tea01 对 student 数据库中所有表的所有操作权限。

```
GRANT ALL ON student.* TO 'tea01'@'%';
```

（3）收回用户 tea01 对 student 数据库中所有表的所有操作权限。

```
revoke all on student.* from 'tea01'@'%';
```

（4）查询用户 tea01 的权限。

```
SHOW GRANTS FOR 'tea01'@'%';
```

（5）授予用户 tea01 对 student 数据库中所有表的查询权限。

```
GRANT SELECT ON student.* FROM 'tea01'@'%';
```

一、用户与权限

数据库的安全性是指只允许合法用户在其权限范围内对数据库进行操作，保护数据库，以防止任何不合法的使用所造成的数据泄露、更改或破坏。数据库安全性措施主要涉及用户认证和访问权限两个方面的问题。

MySQL 用户主要包括 root 用户和普通用户。root 用户是超级管理员，拥有操作 MySQL 数据库的所有权限。例如，root 用户的权限包括创建用户、删除用户和修改普通用户的密码等管理权限，而普通用户仅拥有创建该用户时赋予它的权限。

在安装 MySQL 时，会自动安装名为 "mysql" 的数据库，该数据库中包含了 6 个用于管理 MySQL 中权限的表，分别是 user、db、host、table_priv、columns_priv 和 procs_priv。其中，user 表是顶层的，是全局的权限；db、host 是数据库层级的权限；table_priv 是表层级权限；columns_priv 是列层级权限；procs_priv 是定义在存储过程上的权限。当 MySQL 服务启动时，会读取 mysql 中的权限表，并将表中的数据加载到内存，当用户进行数据库访问操作时，MySQL 会根据权限表中的内容对用户做相应的权限控制。

mysql 中的 user 表是权限表中最重要的表，它记录了允许连接到服务器的账号信息和一些全局级的权限信息。

二、用户账户管理

登录到 MySQL 服务器的用户可以进行 MySQL 的账户管理。账户管理包括创建用户、删除用户、密码管理等。要实现对用户账户的管理，必须有相应的操作权限。

在进行用户账户管理前，可以通过 SELECT 语句查看 mysql.user 表，查看当前 MySQL 服务器中有哪些用户。查询 MySQL 中的用户的结果如图 10-1 所示。

```
mysql > USE mysql;
Database changed
mysql > SELECT host,user,Password FROM user;
+-----------+------+-------------------------------------------+
| host      | user | Password                                  |
+-----------+------+-------------------------------------------+
| localhost | root | * 23AE809DDACAF96AF0FD78ED04B6A265E05AA257 |
+-----------+------+-------------------------------------------+
1 row in set
```

图 10-1　查询 MySQL 中的用户的结果

从查询结果可以看出，当前服务器中仅有一个 root 用户。其中，host 值为 "localhost"，表示允许从本机登录，若 host 值为 "%"，则表示允许从任意主机登录。

1. 创建用户

在 MySQL 中，通常由超级管理员 root 用户为其他访问用户创建一个登录账户，可以使用 CREATE USER 语句、GRANT 语句或直接操作 MySQL 的权限表创建新用户。

（1）使用 CREATE USER 语句创建新用户。

使用 CREATE USER 语句创建新用户时，必须拥有 CREATE USER 权限，语法格式如下。

```
CREATE USER '用户名1'@'主机名1' [IDENTIFIED BY [PASSWORD] '密码1']
[,'用户名2'@'主机名2' [IDENTIFIED BY [PASSWORD] '密码2']][,…];
```

参数说明如下。
- 主机名可以省略,若省略,则默认为"%",表示对所有主机开发权限。
- IDENTIFIED BY:用来设置用户密码,可以省略。
- PASSWORD:表示使用哈希值设置密码,若密码是一个普通明文字符串,则该参数不需要使用。
- CREATE USER 语句可以同时创建多个用户。新用户可以没有初始密码。

【例10.1】创建名为"user1"的用户,密码为"user1111",其主机名为"localhost"。

```
CREATE USER 'user1'@'localhost' IDENTIFIED BY 'user111';
```

【例10.2】创建名为"user2"和"user3"的用户,密码分别为"user222"和"user333",其中user2 可以从本地主机登录,user3 可以从任意主机登录。

```
CREATE USER 'user2'@'localhost' IDENTIFIED BY 'user222',
'user3'@'%' IDENTIFIED BY 'user333';
```

执行成功后,通过使用 SELECT 语句验证用户是否创建成功,查询结果如图 10-2 所示。

```
mysql > SELECT host,user,password FROM mysql.user;
+-----------+-------+-------------------------------------------+
| host      | user  | password                                  |
+-----------+-------+-------------------------------------------+
| localhost | root  | * 6BB4837EB74329105EE4568DDA7DC67ED2CA2AD9 |
| localhost | user1 | * 0F3FBFCD551FE2D96063623081899CDB4CB9D2DD |
| localhost | user2 | * BB356434D91BAA8AE5B69F0D05465166650AD6E0 |
| %         | user3 | * E9DCEA4D1DE7B4CCF7E9B02A07CBAA81A1BF8225 |
+-----------+-------+-------------------------------------------+
4 rows in set (0.01 sec)
```

图 10-2 查询结果

从查询结果可以看出,当前 MySQL 服务器中新增了 3 个用户。其中,用户 user3 可以从任意主机登录,用户 user1 和 user2 仅能从本机登录。

在 MySQL 中创建用户时,必须拥有 MySQL 的全局 CREATE USER 权限或 INSERT 权限。

注意:MySQL 允许相关的用户不使用密码登录,也就是说,在创建新用户时可以不指定密码,但从数据库安全的角度来看,不推荐使用空密码。

(2)用 GRANT 语句创建新用户。

MySQL 中还可以使用 GRANT 语句创建新用户,该语句在创建用户的同时还可以为用户授权,但必须拥有 GRANT 权限,关于权限管理的问题将在本项目后续内容中进行详细说明。GRANT 语句的语法格式如下。

```
GRANT 权限类型 ON 数据库名.表名
TO 用户1 [IDENTIFIED BY [PASSWORD] '密码1']
[,用户2 [IDENTIFIED BY [PASSWORD] '密码2']];
```

项目10 维护"学生信息"数据库的安全性

【例10.3】创建名为"user4"的用户,主机名为"localhost",密码为"user444",并设置该用户对服务器中所有数据库的所有表都有 SELECT 权限。

其 SQL 语句如下。

```
GRANT SELECT ON *.* TO 'user4'@'localhost' IDENTIFIED BY 'user444';
```

其中,*.* 表示所有数据库下的所有表。

执行上述语句,使用 SELECT 语句查看 mysql.user 表,查询结果如图10-3所示。

```
mysql> SELECT host,user,password FROM mysql.user;
+-----------+-------+-------------------------------------------+
| host      | user  | password                                  |
+-----------+-------+-------------------------------------------+
| localhost | root  | * 6BB4837EB74329105EE4568DDA7DC67ED2CA2AD9 |
| localhost | user1 | * 0F3FBFCD551FE2D96063623081899CDB4CB9D2DD |
| localhost | user2 | * BB356434D91BAA8AE5B69F0D05465166650AD6E0 |
| %         | user3 | * E9DCEA4D1DE7B4CCF7E9B02A07CBAA81A1BF8225 |
| localhost | user4 | * 665669AB854C48D97BEB64E164A0C3DB7CBC079D |
+-----------+-------+-------------------------------------------+
5 rows in set (0.02 sec)
```

图10-3 查询结果

从查询结果可以看出,用户 user4 成功添加,该用户仅能从本机登录。

注意:GRANT 语句也可以同时创建多个用户。

(3)直接操作 mysql.user 表创建用户。

在 MySQL 中创建用户,其实质是向系统自带的 mysql 数据库的 user 表中添加新的记录,因此在创建新用户时,可以直接使用 INSERT 语句,向 mysql.user 表中添加新记录,即可添加新用户。

【例10.4】创建名为"user5"的用户,主机的 IP 地址为"10.1.25.173",密码为"user555"。

其 SQL 语句如下。

```
INSERT INTO user(host,user,password, ssl_cipher,x509_issuer,x509_subject)
VALUES('10.1.25.173','user5',PASSWORD('user555'), '', '', '');
```

执行上述语句,使用 SELECT 语句查看 mysql.user 表,查询结果如图10-4所示。从查询结果可以看出,用户 user5 成功添加,且登录主机 IP 地址限制为"10.1.25.173"。

注意:mysql.user 表中,ssl_cipher、x509_issuer、x509_subject 这3个字段没有默认值且不能为空,因此在向 mysq.luser 表添加新记录时,一定要设置这3个字段的值。PASSWORD()函数对明文密码进行哈希运算。

```
mysql> SELECT host,user,password FROM mysql.user;
+-------------+-------+------------------------------------------+
| host        | user  | password                                 |
+-------------+-------+------------------------------------------+
```

图10-4 查询结果

```
| localhost       | root   | * 6BB4837EB74329105EE4568DDA7DC67ED2CA2AD9  |
| localhost       | user1  | * 0F3FBFCD551FE2D96063623081899CDB4CB9D2DD  |
| localhost       | user2  | * BB356434D91BAA8AE5B69F0D05465166650AD6E0  |
| %               | user3  | * E9DCEA4D1DE7B4CCF7E9B02A07CBAA81A1BF8225  |
| localhost       | user4  | * 665669AB854C48D97BEB64E164A0C3DB7CBC079D  |
| 10.1.25.173     | user5  | * BC845F11A1A39752FFF2F15DA7CC4A6BB9690FC8  |
+----------------+--------+---------------------------------------------+
6 rows in set (0.02 sec)
```

图 10-4 查询结果(续)

使用 INSERT 语句创建新用户后,并不能立即使用该用户的账号和密码登录,需要使用 FLUSH 命令使新添加的用户生效,执行语句如下。

```
FLUSH PRIVILEGES;
```

执行该语句后,用户 user5 就可以登录 MySQL 服务器了。使用 FLUSH 命令可以从 mysql 数据库中的 user 表中重新装载权限,执行该命令需要 RELOAD 权限。

注意:除以上提供的方法,创建用户的操作还可以使用图形化工具实现。

2. 修改用户名称

使用 RENAME USER 语句可以对用户进行重命名,其语法格式如下。

```
RENAME USER '旧用户名'@'旧主机名' TO '新用户名'@'新主机名';
```

【例 10.5】修改用户 user1 和 user2 的名称,分别为"lily"和"Tom",且 lily 可以从任意主机登录。

修改用户名称的 SQL 语句如下。

```
RENAME USER  'user1'@'localhost' TO 'lily'@'%',
'user2'@'localhost' TO 'Tom'@'localhost';
```

执行上述代码,然后使用 SELECT 语句查询 mysql.user 表,查询结果如图 10-5 所示。

```
mysql > SELECT host,user,password FROM mysql.user;
+----------------+--------+---------------------------------------------+
| host           | user   | password                                    |
+----------------+--------+---------------------------------------------+
| localhost      | root   | * 6BB4837EB74329105EE4568DDA7DC67ED2CA2AD9  |
| %              | lily   | * 0F3FBFCD551FE2D96063623081899CDB4CB9D2DD  |
| localhost      | Tom    | * BB356434D91BAA8AE5B69F0D05465166650AD6E0  |
| %              | user3  | * E9DCEA4D1DE7B4CCF7E9B02A07CBAA81A1BF8225  |
| localhost      | user4  | * 665669AB854C48D97BEB64E164A0C3DB7CBC079D  |
| 10.1.25.173    | user5  | * BC845F11A1A39752FFF2F15DA7CC4A6BB9690FC8  |
+----------------+--------+---------------------------------------------+
6 rows in set (0.03 sec)
```

图 10-5 查询结果

从查询结果可以看出,用户名修改成功,且用户"lily"对所有主机都开放了权限。

3. 修改用户密码

用户密码是正确登录 MySQL 服务器的凭据,为保证数据库的安全性,用户需要经常修改密码,以防止密码泄漏。

使用 mysqladmin 命令、SET 语句和 UPDATE 语句都可以修改用户密码。

(1) 使用 mysqladmin 命令修改用户密码。

mysqladmin 是 MySQL 服务器的管理工具,修改用户密码的语法格式如下。

```
mysqladmin -u用户名 [-h主机名] -p password 新密码
```

参数说明如下。
- -u:指定待修改的用户名,通常为"root"。
- -h:指定待修改的登录主机名,默认为"localhost"。
- -p:指定要修改的密码,其后的 password 为关键字。

mysqladmin 运行在 Windows 的命令提示符下。

【例 10.6】修改用户 root 的密码为"admin123",其执行语句如下。

```
mysqladmin -u root -p password admin123
```

在命令行窗口中输入以上语句,并输入 root 用户的旧密码,即可将 root 用户的密码修改为"admin123",使用 mysqladmin 修改用户密码如图 10-6 所示。

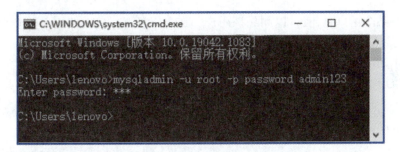

图 10-6 使用 mysqladmin 修改用户密码

注意:mysqladmin 管理工具存放在 MySQL 的安装目录的 bin 文件夹下。

(2) 使用 SET 语句修改用户密码。

语法格式如下。

```
SET PASSWORD [FOR '用户名'@'主机名'] = PASSWORD('密码');
```

由于 SET 语句没有对密码加密的功能,因此在使用 SET 语句进行密码修改时,必须使用 PASSWORD() 函数对明文密码进行哈希运算。

【例 10.7】修改用户 lily 的密码为"queen"。

```
SET PASSWORD FOR 'lily'@'%' = PASSWORD('queen');
```

注意:只有 root 用户才可以设置或修改当前用户或其他特定用户的密码。

(3) 使用 UPDATE 语句修改 mysql.user 表中指定用户的密码。

在 MySQL 中,由于用户名和密码都存储在 mysql.user 表中,因此用户密码的修改也可以直接使用 UPDATE 语句对该表进行操作。

【例 10.8】修改用户 Tom 的密码为"king"。

```
UPDATE mysql.user
SET password = PASSWORD('king')
WHERE user = 'Tom' and host = 'localhost';
```

使用 UPDATE 语句修改用户密码的执行结果如图 10-7 所示。

```
mysql > UPDATE mysql.user
    - > SET password = PASSWORD('king')
    - > WHERE user = 'Tom' and host = 'localhost';
Query OK, 1 row affected (0.00 sec)
Rows matched: 1  Changed: 1  Warnings: 0
```

图 10-7 使用 UPDATE 语句修改用户密码的执行结果

注意:由于 UPDATE 语句不能刷新权限表,因此一定要使用 FLUSH PRIVILEGES 语重新加载用户权限,修改后的密码才会生效。

4. 删除用户

当不需要某个用户时,就可以删除该用户。在 MySQL 中,可以使用 DROP USER 语句和 DELETE 语句删除一个或多个用户。

(1) 使用 DROP USER 语句删除用户。

使用 DROP USER 语句可以删除一个或多个用户,其语法格式如下。

```
DROP USER '用户名1'@'主机名1'[,'用户名2'@'主机名2'][,…];
```

【例 10.9】删除用户 user4 和 user5。

```
DROP USER 'user4'@'localhost', 'user5'@'10.1.25.173';
```

执行上述语句,可以删除用户 user4 和 user5。

(2) 使用 DELETE 语句删除用户。

与创建和修改用户相似,在 MySQL 中可以使用 DELETE 语直接删除 mysq.user 表中的用户数据。

【例 10.10】删除用户 user3。

```
DELETE FROM mysql.user
WHERE host = '%' and user = 'user3';
```

执行上述语句,并使用 SELECT 语句查看服务器中用户情况,删除用户的执行结果如图 10-8 所示。

从查询的用户列表来看,用户 user3、user4 和 user5 都已经被删除。

项目 10　维护"学生信息"数据库的安全性

```
mysql > SELECT host,user,password FROM mysql.user;
+-----------+------+-------------------------------------------+
| host      | user | password                                  |
+-----------+------+-------------------------------------------+
| localhost | root | * 6BB4837EB74329105EE4568DDA7DC67ED2CA2AD9 |
| %         | lily | * AD13E1F37B7D3CADA9734A22BC20A91DC8F91E4E |
| localhost | Tom  | * 0C6F8A2CE8ABFD18609CCE4CDFAB3C15DAD20718 |
+-----------+------+-------------------------------------------+
3 rows in set (0.03 sec)
```

图 10-8　删除用户的执行结果

注意：删除用户时，必须拥有数据库的全局 CREATE USER 权限或 DELETE 权限。使用 DELETE 语句删除用户后，也要使用 FLUSH PRIVILEGES 语句重新加载用户权限。

三、授予权限和收回权限

权限是指登录到 MySQL 服务器的用户，能够对数据库对象执行何种操作的规则集合。所有的用户权限都存储在 mysql 数据库的 6 个权限表中，在 MySQL 启动时，服务器会将数据库中的有效保证数据各种权限信息读入到内存，以确定用户可进行的操作。为用户分配合理的权限可以有效保证数据库的安全性，不合理的授权会给数据库带来安全隐患。

1. MySQL 中的权限类型

在 MySQL 数据库中，根据权限的范围，可以将权限分为多个层级。

（1）全局层级：使用 ON *.* 语法授予权限。

（2）数据库层级：使用 ON 数据库名.* 语法授予权限。

（3）表层级：使用 ON 数据库名.表名 语法授予权限。

（4）列层级：使用 SELECT(列1,列2,…)、INSERT(列1,列2,…)和 UPDATE(列1,列2,…)语法授予权限。

（5）存储过程、函数级：使用 EXECUTE ON PROCEDURE 或 EXECUTE ON FUNCTION 语法授予权限。

MySQL 中定义了很多种权限，MySQL 常用的权限见表 10-1。

表 10-1　MySQL 常用的权限

权限名称	权限的范围
ALL, ALL PRIVILEGES	所有权限
SELECT	查询表
INSERT	插入表
UPDATE	更新表
DELETE	删除表中的数据
ALTER	修改表
DROP	删除数据库/表

续表

权限名称	权限的范围
CREATE	创建数据库/表/索引
GRANT OPTION	数据库、表、存储过程或函数
REFERENCES	数据库或表
CREATE VIEW	创建视图
SHOW VIEW	查看视图
ALTER ROUTINE	修改存储过程或存储函数
CREATE ROUTINE	创建存储过程或存储函数
EXECUTE	执行存储过程或存储函数
FILE	加载服务器主机上的文件
CREATE USER	创建用户
SUPER	超级权限

通过权限设置,用户可以拥有不同的权限。拥有 GRANT 权限的用户可以为其他用户设置权限,拥有 REVOKE 权限的用户可以收回自己设置的权限。

2. 分配权限

分配权限是给特定的用户授予对象的访问权限。MySQL 中使用 GRANT 语句为用户分配权限,语法格式如下。

```
GRANT 权限类型  ON  数据库名.表名  TO '用户名'@'主机名';
```

【例 10.11】授予用户 lily 对数据库 student 中所有的表有 SELECT、INSERT、UPDATE 和 DELETE 的权限。

```
GRANT SELECT,INSERT,UPDATE,DELETE ON student.* TO 'lily'@ '%';
```

若想知道特定用户所拥有的权限,可以使用 SHOW GRANTS 语句查看用户权限,语法格式如下。

```
SHOW GRANTS FOR '用户名'@'主机名';
```

【例 10.12】查看用户 lily 的权限,SQL 语句如下。

```
SHOW GRANTS FOR 'lily'@'%';
```

查看用户 lily 被授予权限后所拥有的权限的执行结果如图 10-9 所示。从显示结果可以看出,用户 lily 拥有登录权限和对 student 数据库所有表的插、查、删、改的权限。

图 10-9 查看用户 lily 被授予权限后所拥有的权限的执行结果

```
| GRANT USAGE ON *.* TO'lily'@'%'IDENTIFIED BY PASSWORD '* AD13E1F37B7D3CADA9734A
22BC20A91DC8F91E4E'                                                              |
| GRANT SELECT, INSERT, UPDATE, DELETE ON `student`.* TO 'lily'@'%'               |
+--------------------------------------------------------------------------------+
2 rows in set (0.04 sec)
```

图 10-9　查看用户 lily 被授予权限后所拥有的权限的执行结果(续)

3. 收回权限

收回权限就是取消某个用户的特定权限。收回权限可以保证数据库的安全。MySQL 中，使用 REVOKE 语句收回用户的部分或所有权限，语法格式如下。

REVOKE 权限列表　ON　数据库名.表名　FROM '用户名'@'主机名';

【例 10.13】 收回用户 lily 对数据库 student 中所有表的 DELETE 的权限。

REVOKE DELETE　ON　student.*　FROM 'lily'@'%';

执行上述语句，并使用 SHOW GRANT 语句查看用户 lily 被收回权限后所拥有的权限，执行结果如图 10-10 所示。

```
mysql > SHOW GRANTS FOR 'lily'@'%';
+--------------------------------------------------------------------------------+
| Grants for lily@%                                                              |
+--------------------------------------------------------------------------------+
| GRANT USAGE ON *.* TO 'lily'@'%' IDENTIFIED BY PASSWORD '* AD13E1F37B7D3CADA
9734A22BC20A91DC8F91E4E'                                                         |
| GRANT SELECT, INSERT, UPDATE ON `student`.* TO 'lily'@'%'                      |
+--------------------------------------------------------------------------------+
2 rows in set (0.04 sec)
```

图 10-10　查看用户 lily 被收回权限后所拥有的权限

从查询结果可以看出，用户 lily 在 student 数据库中的 DELETE 权限已经被收回。
当要收回用户的所有权限时，只需要在 REVOKE 语句中增加 ALL PRIVILEGES 关键字，语法格式如下。

REVOKE ALL PRIVILEGES,GRANT OPTION FROM '用户名'@'主机名';

【例 10.14】 收回用户 lily 的所有权限。

REVOKE ALL PRIVILEGES,GRANT OPTION FROM 'lily'@'%';

执行上述语句，并使用 SHOW GRANT 语句查看收回用户 lily 所有的权限，执行结果如图 10-11 所示。

```
mysql > SHOW GRANTS FOR 'lily'@'%';
+--------------------------------------------------------------------------------+
```

图 10-11　收回用户 lily 所有的权限

```
| Grants for lily@%                                                              |
+--------------------------------------------------------------------------------+
| GRANT USAGE ON *.* TO 'lily'@'%' IDENTIFIED BY PASSWORD '* AD13E1F37B7D3CADA9734
A22BC20A91DC8F91E4E'                                                             |
+--------------------------------------------------------------------------------+
1 rows in set (0.04 sec)
```

图 10-11　收回用户 lily 所有的权限(续)

从查询结果可以看出，用户 lily 的权限都已被收回。

注意：在使用 GRANT 授权或 REVOKE 收回权限后，都必须使用 FLUSH PRIVILEGES 语句重新加载权限表，否则无法立即生效。

任务评价

任务评价表

技能目标	用户创建、修改和删除；权限的授予与收回			
综合素养	需求分析能力	灵活运用代码的能力	排查错误能力	团队协作能力
自我评价				

拓展学习

一、使用 MySQL 图形化管理工具 Navicat 创建用户

【**例 10.15**】创建一个新的用户 user1，密码为"123456"。具体步骤如下。

（1）打开 Navicat，展开连接实例，单击工具栏中的"用户"按钮，将查看到该数据库连接实例下的所有用户，用户列表界面如图 10-12 所示。

图 10-12　用户列表界面

（2）单击"新建用户"按钮，打开"用户编辑"窗口，单击"常规"选项卡，输入用户名为"user1"、主机为"localhost"、密码和确认密码都为"123456"，如图10-13所示。

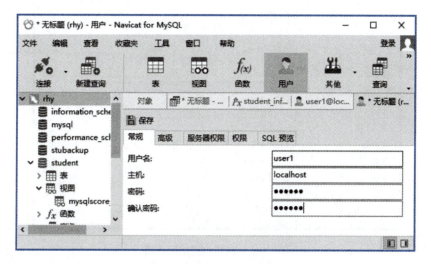

图10-13 "常规"选项卡

（3）单击工具栏中的"保存"按钮，即可完成创建新用户user1。

（4）返回Navicat，以用户user的身份建立一个新的连接，单击工具栏中的"连接"按钮，选择"MySQL..."选项，创建MySQL连接如图10-14所示。

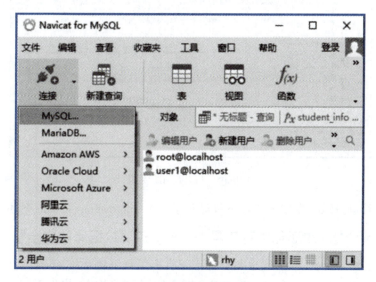

图10-14 创建MySQL连接

（5）创建连接名为"user1_test"，将用户设定为"user1"，密码为"123456"，新用户连接服务器如图10-15所示。然后单击"确定"按钮，即可创建新连接。

（6）在对象管理器中，会出现新的连接"user1_test"，双击打开该连接，将会提示错误，如图10-16所示，原因是还没有配置该用户的权限。

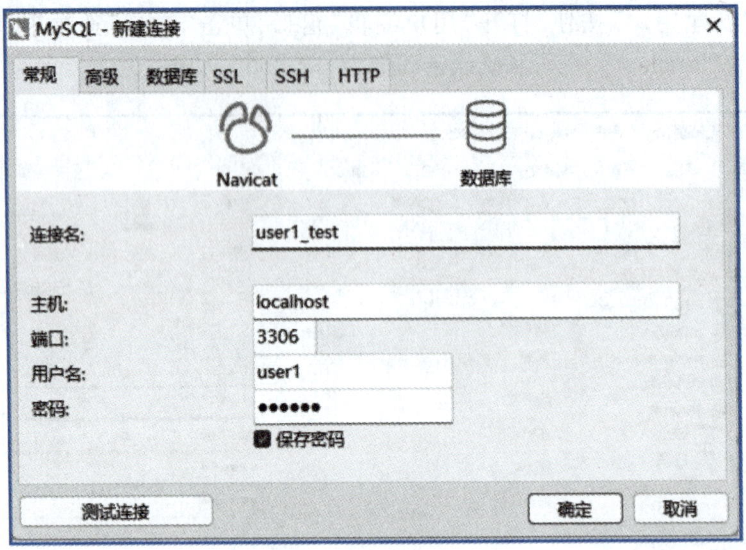

图 10-15　新用户连接服务器

图 10-16　打开新用户连接

(7)单击"确定"按钮,发现该连接下只显示了一个 information_schema 数据库。

二、使用 MySQL 图形化管理工具 Navicat 实现数据库的安全管理

【例 10.16】 将 student 数据库中 kcxx 表的 SELECT 权限授予给 user1,具体步骤如下。

(1)打开 Navicat,打开连接 rhy,单击工具栏中的"用户"按钮,将查看到该数据库连接实例下的所有用户,用户列表界面如图 10-17 所示。

(2)选中要授权的用户 userl,单击工具栏中的"编辑用户"按钮,打开用户编辑界面,如图 10-18 所示。

(3)切换到"权限"选项卡,如图 10-19 所示,单击工具栏中的"添加权限"按钮,弹出"添加权限"对话框,如图 10-20 所示。

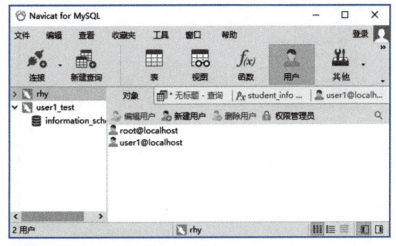

图 10-17　用户列表界面

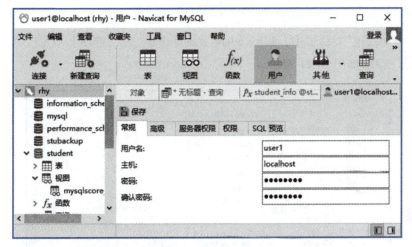

图 10-18　用户编辑界面

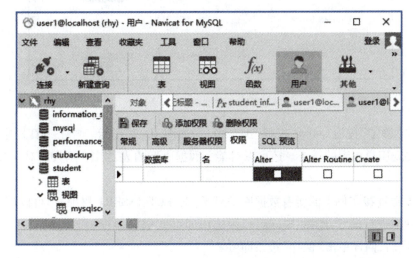

图 10-19　"权限"选项卡

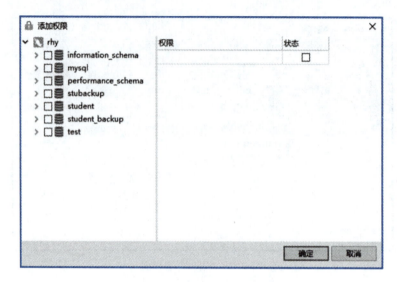

图 10-20 "添加权限"对话框

（4）在"添加权限"对话框中，展开 student 数据库下的"表"，选择 kcxx 表，并选择"Select"权限的"状态"选项，如图 10-21 所示。

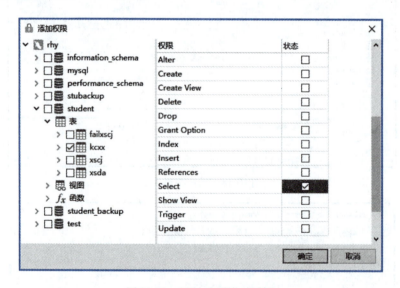

图 10-21 "添加权限"对话框

（5）单击"确定"按钮，回到"权限"编辑窗口，如图 10-22 所示。单击工具栏中的"保存"按钮，即可实现用户权限的授予。还可以对某个数据库下的表、视图、函数等对象分别指定不同权限。

（6）若要对连接实例下的所有数据库都赋予 SELECT、INSERT 权限，则可以切换到"服务器权限"选项卡进行设置，选择"Select"权限选项即可，"服务器权限"设置界面如图 10-23 所示。设置完成后，同样单击"保存"按钮即可。

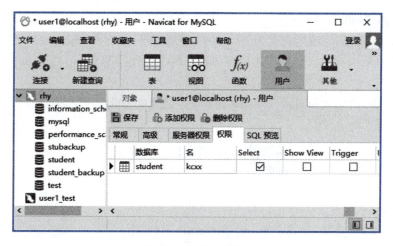

图 10-22 "权限"编辑窗口

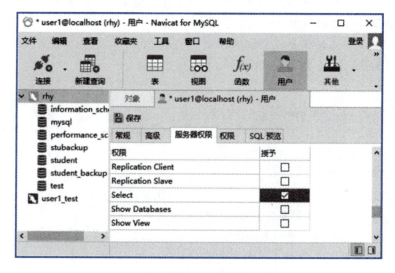

图 10-23 "服务器权限"设置界面

项目实践

1. 实践任务
创建用户,授予用户权限。

2. 实践目的
(1)能正确使用 SQL 语句创建用户。
(2)能正确使用 SQL 语句设置用户权限。
(3)能正确使用 SQL 语句修改用户密码。

3. 实践内容
(1)使用 SQL 语句创建一个无密码的用户 admin。
(2)使用 SQL 语句创建一个用户 zhang,密码为"123456"。

（3）删除用户 admin。

（4）使用 SQL 语句修改用户名为"zhang"的登录密码,修改为"zhang123456"。

（5）使用 SQL 语句为已经创建的用户 zhang,授予对数据库 Eshop 的表 orders 的 UPDATE 权限。

（6）使用 SQL 语句收回对用户 zhang 在 orders 表上的 UPDATE 权限。

思考与探索

一、判断题

1. MySQL 用户主要包括 root 用户和普通用户。（   ）
2. root 用户是超级管理员,拥有操作 MySQL 数据库的所有权限。（   ）
3. 只有 root 用户才可以设置或修改当前用户或其他特定用户的密码。（   ）
4. 使用 ADD 语句可以添加一个或多个用户。（   ）
5. 使用 GRANT 语句给用户授予权限。（   ）
6. 使用 REVOKE 语句可以删除用户。（   ）

二、单选题

1. 下列哪个语句用于撤销权限？(   )
   A. DELETE　　　　B. DROP　　　　C. REVOKE　　　　D. UPDATE
2. 创建用户的语句是(   )。
   A. CREATE USER　　　　　　　B. INSERT USER
   C. CREATE root　　　　　　　D. MySQL user
3. MySQL 中,预设的、拥有最高权限超级用户的用户名为(   )。
   A. test　　　　B. Administrator　　　　C. DA　　　　D. root
4. MySQL 中,使用(   )语句为指定的数据库添加用户。
   A. CREATE USER　　B. GRANT　　C. INSERT　　D. UPDATE

三、简述题

1. 数据库中创建的新用户可以给其他用户授权吗？
2. 简述 MySQL 中用户和权限的作用。

项目 11

维护"学生信息"数据库的高可用性

任务情境

某天,"学生信息管理系统"的管理员在对数据表进行管理时,错误地删除了几个重要的数据,为了挽回类似这样的误操作造成的损失,数据库管理员需要对数据库进行数据备份,在出现操作事故后可以将之前的数据还原。

学习目标

(1)通过本项目的学习,学生能够了解数据库的备份和恢复机制;能够备份数据库中的数据,并能恢复数据库中的数据。

(2)培养学生认真细致、精益求精的工作态度,以及较强的风险意识和责任意识;引导学生树立正确的职业道德和职业操守;教育学生正确把握现在,对自己的人生做好规划,树立正确的人生观与价值观,达成德育目标。

知识准备

问题 11-1 数据备份的方法有哪些?

问题 11-2 如何备份数据库?

问题 11-3 如何还原数据库中的数据?

任务 1 备份数据

任务分析

数据库系统在使用过程中,经常会遇到各种软件和硬件故障、人为破坏、用户误操作等不可避免的问题,这些问题会影响数据的正确性,甚至会破坏数据库,导致服务器瘫痪。为了有效地防止数据丢失,将损失降到最低,用户应定期进行数据备份,在数据库遭到破坏时能够恢复数据。

任务实施

(1) 使用 mysqldump 命令将 student 数据库备份到 d:\backup\student.sql 文件中。

```
mysqldump -uroot -p student > d:\backup\student.sql
```

(2) 使用 mysqldump 命令将 student 数据库中的 xscj 表备份到 d:\backup\xscj.sql 文件下。

```
mysqldump -uroot -p student xscj > d:\backup\xscj.sql
```

任务 2　恢复数据

任务分析

当数据故障发生时,可以利用备份文件实现数据的恢复,将损失降到最低。

任务实施

(1) 删除 student 数据库中所有的表,使用 mysql 命令还原 student 数据库。

首先在 MySQL 命令行下删除 student 数据库中所有的表,代码如下。

```
USE student;
DROP TABLE xsda,xscj,kcxx;
```

所有的数据表删除成功后,回到 Windows 命令行窗口,还原 student 数据库,代码如下。

```
mysql -uroot -p student < d:\backup\student.sql
```

(2) 删除 student 数据库中的 xscj 表,使用 SOURCE 命令还原该数据表。

首先在 MySQL 命令行下删除 student 数据库中的 xscj 表,代码如下。

```
USE student;
DROP TABLE xscj;
```

xscj 表删除成功后,仍然在 MySQL 命令行下,使用 SOURCE 命令还原 xscj 数据表,代码如下。

```
SOURCE d:/backup/xscj.sql;
```

知识储备

数据库的备份与还原是数据库管理员最重要的工作之一。系统的意外崩溃或系统硬件的损坏都可能导致数据的丢失或损坏,数据库管理员必须定期地备份数据,当数据库中出现错误或损坏时,就可以使用已备份的数据进行数据还原。

一、备份数据

数据备份就是对应用数据库建立相应副本,包括数据库结构、对象及数据。根据备份的数据集合的范围来划分,数据备份分为完全备份、增量备份和差异备份。

- 完全备份:指某一个时间点上的所有数据或应用进行的一个完全复制,包含用户表、系统表、索引、视图和存储过程等所有数据库对象。
- 增量备份:指备份数据库的部分内容,包含自上一次完整备份或最近一次增量备份后改变的内容。
- 差异备份:指在一次完全备份后到进行差异备份的这段时间内,对那些增加或者修改文件的备份,在进行恢复时,只需对第一次完全备份和最后一次差异备份进行恢复。

从数据备份时数据库服务器的在线情况来划分,数据备份又分为热备份、温备份和冷备份。其中热备份是指数据库在线服务正常运行的情况下进行数据备份;温备份是指进行备份操作时,服务器在运行,但只能读不能写;冷备份是指数据库在已经正常关闭的情况下进行的,这种情况下提供的备份都是完全备份。

和很多数据库类似,MySQL 的备份也主要分为逻辑备份和物理备份。在 MySQL 数据库中,逻辑备份的最大优点是对于各种存储引擎,都可以用同样的方法来备份;而物理备份则不同,不同的存储引擎有着不同的备份方法。因此,对于不同存储引擎混合的数据库,用逻辑备份会更简单一些。限于篇幅,本书仅介绍逻辑备份及相应的恢复方法。

mysqldump 命令是 MySQL 提供的实现数据库备份的工具,在 Windows 控制台的命令行窗口中执行。该文件存放在 MySQL 安装目录的 bin 文件夹下。

mysqldump 是采用 SQL 级别的备份机制,它将数据表导出成 SQL 脚本文件,该文件包含多个 CREATE 和 INSERT 语句,使用这些语句可以重新创建表和插入数据。在不同的 MySQL 版本之间升级时相对比较合适,这也是最常用的备份方法。

使用 mysqldump 命令可以备份一个数据库,也可以备份多个数据库,还可以备份一个连接实例中的所有数据库。

1. 备份一个完整的数据库

语法格式如下。

```
mysqldump -u 用户名 -p[密码] [--databases] 数据库名 >备份文件名.sql
```

语法说明如下。

- -p 参数用来引导密码,密码可以在此处指定,也可以在后续输入。
- -p 和数据库名之间至少要有一个空格。
- 若没加 --databases 参数,则备份的 SQL 文件中不包含创建数据库的语句,在还原 SQL 文件中数据的时候,需要向一个已存在的数据库中还原。

2. 备份多个数据库

语法格式如下。

```
mysqldump -u 用户名 -p[密码] --databases 数据库名1 数据库名2… >备份文件名.sql
```

3. 备份所有数据库

语法格式如下。

```
mysqldump -u用户名 -p[密码] --all-databases >备份文件名.sql
```

4. 备份数据库中的一个或多个表

语法格式如下。

```
mysqldump -u用户名 -p[密码] 数据库名 表名1 [表名2…] >备份文件名.sql
```

【例11.1】使用 root 用户备份 student 数据库下的 xsda 表和 xscj 表，并将备份好的文件保存到 D 盘根目录下，文件名为"db1.sql"。

```
mysqldump -uroot -p student xsda xscj > D:\db1.sql
```

命令执行后，在 D 盘根目录下找到 db1.sql 备份文件，并用记事本打开，部分文件内容如图 11-1 所示。

图 11-1　备份文件 db1.sql 的部分内容

从图 11-1 中可以看出备份文件中记录了 MySQL 的版本、备份的主机名。其中，以"--"开头的是 SQL 注释，"/* */"包含的数据块也是 MySQL 的注释。此外，文件中还包含了创建 xsda 表和 xscj 表的 SQL 代码，以及向 xsda 表和 xscj 表中插入数据的代码。

【例11.2】使用 root 用户备份 student 数据库和 mysql 数据库。

```
mysqldump -uroot -p --databases student mysql > D:\db2.sql
```

命令执行后，在 D 盘根目录下找到 db2.sql 备份文件，并用记事本打开，部分文件内容如图 11-2 所示。

从图 11-2 中可以看出，除了基本信息，文件中还存储了创建 student 数据库和 mysql 数据库及它们包含的数据表的 SQL 语句。

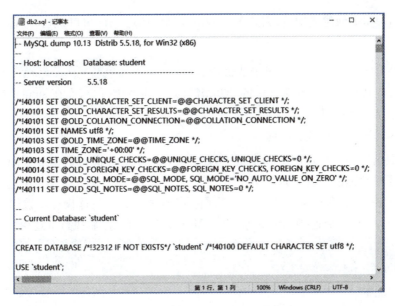

图 11-2　备份文件 db2.sql 的部分内容

【例 11.3】使用 root 用户备份该服务器下的所有数据库。

```
mysqldump -uroot -p --all-databases>d:\alldb.sql
```

命令执行后,可以在 D 盘根目录下找到 alldb.sql 文件。文件中记录了该服务器中的所有数据库的信息,包括创建数据库和数据表的代码。

二、恢复数据

在 MySQL 数据库使用过程中,因为意外断电或是意外关机及数据迁移等,有时需要将已经备份的 SQL 脚本文件中的数据重新还原到数据库中,本书仅介绍逻辑还原操作。逻辑还原的两种主要方式分别为使用 mysql 命令还原和使用 source 命令还原。

1. 使用 mysql 命令还原数据

对于包含 CREATE、INSERT 语句的 SQL 脚本文件(扩展名为 sql),可以在 Windows 控制台的命令行窗口中使用 mysql 命令进行数据恢复,其语法格式如下。

```
mysql -u用户名 -p[密码][数据库名]<备份文件名.sql
```

语法说明如下。

- 数据库名是可选项。使用 mysql 命令进行数据还原时,如果 SQL 脚本文件中已经包含了创建数据库的语句,那么数据库名选项可以省略,否则必须在 mysql 命令中加上数据库名,而且该数据库必须已经存在,否则还原操作将失败。
- 备份文件名.sql:表示需要恢复的脚本文件,文件名前面可以加上一个绝对路径。

【例 11.4】使用 mysql 命令将 D 盘根目录的脚本文件"db1.sql"还原成数据库 student2。

因为在 db1.sql 文件中没有创建数据库的命令,所以在执行上述语句前,必须先在 MySQL 服务器中创建名为"student2"的数据库。

```
mysql>CREATE DATABASE student2;
```

数据库 student2 创建成功后,回到 Windows 控制台的命令行窗口,执行还原数据库命令,代码如下。

```
mysql -uroot -p student2 < d:\db1.sql
```

命令执行成功后,db1.sql 文件中的 SQL 语句会自动被执行,从而在 student2 数据库中成功恢复了 xsda 表和 xscj 表。

2. 使用 SOURCE 命令还原数据

MySQL 数据库中的 SOURCE 命令也可以对 SQL 脚本文件进行数据的还原,这种方法与 MySQL 命令还原数据的主要区别在于:SOURCE 命令必须在 MySQL 命令行中运行,也就是说要先用 MySQL 命令连接到数据库,之后进行数据的还原操作。具体操作步骤如下。

首先使用 mysql 命令连接到数据库,进入 MySQL 控制台,然后执行下述语句。

```
mysql > USE 数据库名;
mysql > SOURCE 备份文件名.sql;
```

语法说明如下。

• 备份文件名.sql 脚本文件可以使用绝对路径,如 d:/db1.sql,也可以使用相对路径,如直接写 db1.sql,这时将会使用系统当前目录下的 db1.sql 文件。

【例 11.5】使用 SOURCE 命令将 D 盘根目录的脚本文件"db1.sql"还原成数据库 student3。

首先在 MySQL 服务器中创建名为"student3"的数据库,代码如下。

```
mysql > CREATE DATABASE student3;
```

打开该数据库,代码如下。

```
mysql > USE student3;
```

执行还原数据库命令,代码如下。

```
mysql > SOURCE d:/db1.sql;
```

命令执行成功后,查看 student3 下的所有数据表,代码如下。

```
mysql > SHOW TABLES;
+--------------------+
| Tables_in_student3 |
+--------------------+
| xscj               |
| xsda               |
+--------------------+
2 rows in set (0.02 sec)
```

从显示结果可以看出,在 student3 数据库中成功恢复了 xsda 表和 xscj 表。

注意:SOURCE 命令只能在 MySQL 命令行界面下执行,不能在 Navicat 图像化界面使用。

三、数据库迁移

随着信息系统数据量的不断增加,数据迁移是企业解决存储空间不足、新老系统切换和信息系统升级改造等过程中必须面对的一个现实问题。数据库迁移是指把数据从一个系统移动到另一个系统上。在 MySQL 中,数据的迁移主要有三种方式,分别是相同版本的 MySQL 数据库之间的迁移、不同版本的 MySQL 数据库之间的迁移和不同数据库之间的迁移。

1. 相同版本的 MySQL 数据库之间的迁移

相同版本的 MySQL 数据库之间的迁移是指版本号相同的 MySQL 数据库之间进行数据库移动。迁移过程实质就是源数据库备份和目标数据库还原过程的组合。

在本项目的前面分别介绍了数据备份和数据恢复的常用方法。由于基于复制的数据迁移方法不适合 InnoDB 存储引擎的表。因此,在相同版本的数据库之间迁移主要采用 mysqldump 命令备份数据,然后在目标数据库服务器中使用 mysql 命令恢复数据,或者通过图形化界面的方式操作实现。

2. 不同版本的 MySQL 数据库之间的迁移

在实际应用中,由于数据库升级等原因,需要将旧版本 MySQL 数据库中的数据迁移到较新版本的数据库中。迁移过程仍是源数据库备份和目标数据库恢复过程的组合。在迁移过程中,如果想保留旧版本中的用户访问控制信息,那么需要备份 MySQL 中 mysql 数据库,在新版本 MySQL 安装好后,重新读入 mysql 备份文件中的信息。如果迁移的数据库包含中文数据,那么还需要注意新旧版本使用的默认字符集是否一致,若不一致则需对其进行修改。

新旧版本还具有一定的兼容性问题,从旧版本的 MySQL 向新版本的 MySQL 迁移时,对于 MyISAM 存储引擎的表,可以直接复制数据库文件,也可以使用 mysqldump 工具等。对于 innoDB存储引擎的表,一般只能使用 mysqldump 命令备份数据,然后使用 mysql 命令恢复数据。而从新版本向旧版本的 MySQL 迁移数据时要特别小心,最好使用 mysqldump 命令备份数据,再使用 mysql 命令恢复数据。

3. 不同数据库之间的迁移

不同类型的数据库之间的迁移,是指把 MySQL 的数据库转移到其他类型的数据库,如从 MySQL 迁移到 SQL Server 等。

迁移之前,需要了解不同数据库的架构,比较它们之间的差异。不同数据库中定义相同类型的数据的关键字可能会不同。例如,MySQL 中 ifnull()函数在 SQL Sever 中应写为 isnull()。另外,数据库厂商并没有完全按照 SQL 标准设计数据库系统,导致不同的数据库系统的 SQL 语句有差别。因此在迁移时必须对这些不同之处的语句进行映射处理。

四、数据导出

MySQL 数据库中不仅提供数据库的备份和恢复方法,还可以直接通过导出数据实现对数据的迁移。MySQL 中的数据可以导出到外部存储文件,还可以导出为文本文件、XML 文件或者 HTML 文件等。这些类型的文件也可以导入到 MySQL 数据库中。在数据库的日常维护中,经常需要进行数据表的导入和导出操作。

MySQL 提供了多种导出数据的工具,包括图形工具或是 SQL 语句,其中 SQL 语句又分为 SELECT...INTO OUTFILE 语句、mysqldump 命令、mysql 命令。

1. 使用 SELECT...INTO OUTFILE 语句导出数据

使用 SELECT...INTO OUTFILE 语句也可以将表的数据导出到文本文件中。

语法格式如下。

```
SELECT 列名 FROM 表名
[WHERE 条件表达式]
INTO OUTFILE '目标文件名'
[OPTIONS]
```

该语句将 SELECT 语句的查询结果导出到"目标文件名"指定的文件中。OPTIONS 参数有 5 种常用选项,具体说明如下。

• FIELDS TERMINATED BY 'value':设置 value 为字段的分隔符,默认值是" \t"。

• FIELDS [OPTIONALLY] ENCLOSED BY 'value':设置字段的分隔字符,只能为单个字符,若使用了 OPTIONALLY,则只有 CHAR 和 VARCHAR 等字符数据字段被包括。

• FIELDS ESCAPED BY 'value':设置转义字符,默认值为" \ "。

• LINES STARTING BY 'value':设置每行数据开头的字符,可以为单个或多个字符,默认情况下不使用任何字符。

• LINES TERMINATED BY 'value':设置每行数据结尾的字符,可以为单个或多个字符,默认值为" \n"。

注意:FIELDS 和 LINES 两个子句都是自选的,如果两个都被指定了,那么 FIELDS 必须位于 LINES 的前面。多个 FIELDS 子句排列在一起时,后面的 FIELDS 必须省略;同样,多个 LINES 子句排列在一起时,后面的 LINES 也必须省略。

【例 11.6】使用 SELECT…INTO OUTFILE 语句导出 student 数据库中的 xsda 表中的数据。其中,字段之间用","隔开,字符型数据用双引号分隔。

```
SELECT *  FROM xsda
INTO OUTFILE 'D:\xsda.txt'
FIELDS TERMINATED BY ',' OPTIONALLY ENCLOSED BY '"'
LINES TERMINATED BY '\r\n';
```

LINES TERMINATED BY '\r\n' 语句保证每条记录占一行。执行完上述命令后,在 D 盘根目录下生成了名为"xsda.txt"的文本文件,其文件的内容如图 11-3 所示。

图 11-3 xsda.txt 文本文件内容

2. 使用 mysqldump 命令导出数据

mysqldump 命令不仅可以备份数据库,还能将数据库中的数据导出为文本文件和 XML 文件。

(1)将数据导出为文本文件。

语法格式如下。

```
mysqldump -u root -p[密码] -T 目标目录 数据库名 表名 [options]
```

其中,密码必须紧挨着 -p 参数,另外,密码可以在该命令中输入,也可以在执行命令时按要求输入。"目标目录"参数是导出的文本文件的路径。options 参数是可选参数,有 5 个常用选项,具体说明如下。

- FIELDS TERMINATED BY 'value':设置字符串为字段的分隔符,默认值为"\t"。
- FIELDS [OPTIONALLY] ENCLOSED BY 'value':设置字段的分隔字符,只能为单个字符,若使用了 OPTIONALLY,则只有 CHAR 和 VARCHAR 等字符数据字段被包括。
- FIELDS ESCAPED BY 'value':设置转义字符,默认值为"\"。
- LINES STARTING BY 'value':设置每行数据开头的字符,可以为单个或多个字符,默情况下不使用任何字符。
- LINES TERMINATED BY 'value':设置每行数据结尾的字符,可以为单个或多个字符,默认值为"\n"。

【例 11.7】使用 mysqldump 命令导出 student 数据库中 kcxx 表的数据,要求字段之间使用逗号","隔开,字符类型字段值用双引号分隔,记录以回车换行符"\n"结尾。

数据导出命令如下。

```
mysqldump -uroot -p -T D:\student kcxx "--fields-terminated-by=,"
"--fields-optionally-enclosed-by=\"" "--lines-terminated-by= \r\n"
```

执行上述命令,将在 D 盘根目录下生成两个文件,它们分别是 kcxx.sql 和 kcxx.txt。kcxx.sql 文件包含了创建 kcxx 表的 CREATE 语句;kcxx.txt 文件则以文本的形式存储 kcxx 表中的数据,该文本文件内容如图 11-4 所示。

注意:导出的表脚本及数据默认以表名作为主文件名。

(2)将数据导出为 XML 文件。

语法格式如下。

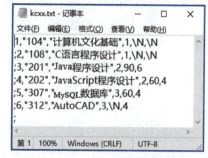

图 11-4 kcxx.txt 文本文件内容

```
mysqldump -uroot -p[密码] -X 数据库名 表名 >目标文件
```

其中,目标文件包括文件的物理路径及文件名称。其余参数与导出到文本文件相同。

【例 11.8】使用 mysqldump 命令导出 student 数据库中 xscj 表的数据,要求输出文件为 xml 格式。

数据导出命令如下。

```
mysqldump -uroot -p -X student xscj >D:\xscj.xml
```

执行上述命令,在 D 盘根目录下将生成名为"xscj.xml"的文件,其内容如图 11-5 所示。

从图中显示的文件内容可以看到，数据以标签对的形式存储。

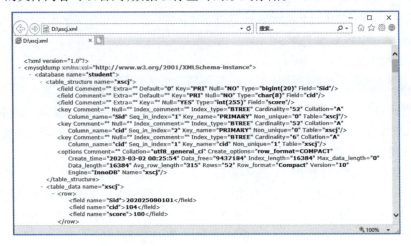

图 11-5　xscj.xml 文件内容

3. 使用 mysql 命令导出数据

mysql 命令与 mysqldump 命令相似，它在 Windows 命令窗口执行，是一个功能丰富的命令工具。mysql 命令不仅可以用来登录服务器、还原备份文件，还可以将查询结果导出为文本文件、XML 文件或 HTML 文件。

语法格式如下。

```
mysql -uroot -p[密码][OPTIONS] "SELECT 语句" >目标文件
```

其中，目标文件包括文件的物理路径及文件名称；OPTIONS 参数的取值表示输出文件的类型，具体说明如下。

-e：导出为 TXT 文件。

-X -e：导出为 XML 文件。

-H -e：导出为 HTML 文件。

【例 11.9】使用 mysql 命令导出 student 数据库中 kcxx 表的数据。

数据导出命令如下。

```
mysql -uroot -p -e "SELECT * FROM student.kcxx" >D:\kcxx.txt
```

执行上述命令后，打开 D 盘根目录下生成的 kcxx.txt 文件，其内容如图 11-6 所示。

图 11-6　kcxx.txt 文件内容

注意：使用 mysql 命令导出文本文件时，不需要指定数据分隔符。文件中自动使用了制表符分隔数据，并且自动生成了列名。

【例 11.10】使用 mysql 命令导出 student 数据库中 kcxx 表的数据，生成 HTML 文件。数据导出命令如下。

```
mysql -uroot -p -H -e "SELECT * FROM student.kcxx" >D:\kcxx.html
```

执行上述命令，在 D 盘根目录下将生成名为"kcxx.html"的网页文件，在浏览器中打开该文件，如图 11-7 所示。

五、数据导入

MySQL 允许将数据导出到外部文件，也可以将符合格式要求的外部文件导入到数据库。MySQL 提供了丰富的导入数据工具，包括图形工具、LOAD DATA INFILE 语句、mysqlimport 命令等。

1. 使用 LOAD DATA INFILE 语句导入数据

LOAD DATA INFILE 语句用于从外部存

图 11-7　浏览器中打开 kcxx.html 文件

储文件中读取行，并导入到数据库的某个表中，语法格式如下。

```
LOAD DATA INFILE '文件名'
INTO TABLE 表名
[OPTIONS] [IGNORE number LINES]
```

语法说明如下。
- 文件名：表示导入数据的来源文件，文件名必须是文字字符串。
- 表名：表示导入的数据表名称。
- OPTIONS：可选参数，为导入数据指定分隔符，其释义与导出数据相同。
- IGNORE number LINES：表示忽略文件开始处的行数，number 表示忽略的行数，执行 LOAD DATA 语句需要 FILE 权限。

【例 11.11】使用 LOAD DATA INFILE 语句将 D 盘根目录下 xsda.txt 文件中的数据导入到数据库 student 中 xsda 表。

导入数据前，先删除 goods 表中的数据，SQL 语句如下。

```
DELETE FROM xsda;
```

数据导入语句如下。

```
LOAD DATA INFILE 'D:\xsda.txt'
INTO TABLEstudent.xsda
FIELDS TERMINATED BY ',' OPTIONALLY ENCLOSED BY '"'
LINES TERMINATED BY '\r\n';
```

上述语句执行后，使用 SELECT 语句查看 xsda 表中的记录，查询结果与数据删除前相同。

注意：在导入数据时，为了避免主键冲突，可以使用 REPLACE INTO TABLE 语句直接将数据进行替换来实现数据的导入或恢复。

2. 使用 mysqlimport 命令导入数据

mysqlimport 命令用来将外部文件导入到数据库。它在 Windows 命令窗口执行，提供了许多与 LOAD DATA INFILE 语句相同的功能，其语法格式如下。

```
mysqlimport -uroot -p[密码] 数据库名 文件名 [OPTIONS]
```

其中 OPTIONS 为可选参数，为导入数据指定分隔符，其释义与导出数据相同。

在 mysqlimport 命令中不需要指定导入数据库的表名称，数据表的名称由导入文件名确定，即文件名作为表名，并且导入数据之前该表必须存在。

【例 11.12】使用 mysqlimport 命令将 D 盘根目录下文件名为 "kcxx.txt" 的文件数据导入到数据库 student 中的 kcxx 表。

导入数据前，先删除 users 表中的数据，SQL 语句如下。

```
DELETE FROM kcxx;
```

使用 mysqlimport 命令导入数据，命令如下。

```
mysqlimport -uroot -p student D:\kcxx.txt "--fields-terminated-by=,"
"--fields-optionally-enclosed-by=\"" "--lines-terminated-by= \r\n"
```

上述语句执行后，使用 SELECT 语句查看 kcxx 表中的记录，查询结果与数据删除前相同。

六、使用日志备份和恢复数据

数据库日志是数据管理中重要的组成部分，它记录了数据库运行期间发生的任何变化，用来帮助数据库管理员追踪数据库曾经发生的各种事件。当数据库遇到意外损害或是出错时，可以通过对日志文件进行分析查找出错原因，也可以通过日志记录对数据进行恢复。MySQL 提供的二进制日志、错误日志和查询日志文件，它们分别记录着 MySQL 数据库在不同方面的踪迹。本任务主要阐述各种日志的作用和使用方法，以及使用二进制日志文件恢复数据。

1. MySQL 日志概述

在数据库领域，日志就是将数据库中的每一个变化和操作时产生的信息记载到一个专用的文件里，这种文件就叫作日志文件。从日志中可以查询到数据库的运行情况、用户操作、错误信息等，为数据库管理和优化提供必要的信息。

MySQL 中日志主要分为 3 类，具体说明如下。

- 二进制日志：以二进制文件的形式记录数据库中所有更改数据的语句。
- 错误日志：记录 MySQL 服务的启动、运行或停止 MySQL 服务时出现的问题。
- 查询日志：又分为通用查询日志和慢查询日志。其中通用查询日志记录建立的客户端连接和记录查询的信息；慢查询日志记录所有执行时间超过 long-query-time（慢查询的界定时间，默认是 10 秒）的所有查询或不使用索引的查询。

除二进制日志，所有日志文件都是文本文件。日志文件通常存储在 MySQL 数据库的数据目录下。只要日志功能处于启用状态，日志信息就会不断地被写入相应的日志文件中。

使用日志可以帮助用户提高系统的安全性，加强对系统的监控，便于对系统进行优化，建立镜像机制和让事务变得更加安全。但日志的启动会降低 MySQL 数据库的性能,在查询频繁的数据库系统中,若开启了通用查询日志和慢查询日志,数据库服务器则会花费较多的时间用于记录日志,且日志文件会占用较大的存储空间。

注意:在默认情况下,MySQL 服务器只启动错误日志功能,其他日志类型都需要数据库管理员进行配置。

2. 二进制日志

二进制日志记录了所有的 DDL 语句和 DML 语句对数据的更改操作。语句以"事件"的形式保存,它描述了数据的更改过程。二进制日志是基于时间点的恢复,对于数据灾难时的数据恢复起着极其重要的作用。

二进制日志文件主要包括如下两类文件。
- 二进制日志索引文件:用于记录所有的二进制文件,文件扩展名为. index。
- 二进制日志文件:用于记录数据库所有的 DDL 语句和 DML(除了 SELECT 操作)语句的事件,文件扩展名为.00000n,n 是从 1 开始的自然数。

1)启动和设置二进制日志

在默认情况下,二进制日志是关闭的,可以通过修改 MySQL 的配置文件 my. ini 来设置和启动二进制日志。

在配置文件 my. ini 中与二进制日志相关的参数在[mysqld]组中设置,主要参数如下。

```
[mysqld]
log-bin[ =path/[filename]]
expire_logs_days=10
max_binlog_size=100M
```

其中各参数说明如下。
- log-bin:用于设置开启二进制日志。path 表示日志文件所在的物理路径,在目录的文件夹命名中不能有空格,否则在访问日志时会报错。filename 则指定了日志文件的名称,如文件的命名为 filename.000001、filename000002 等,另外,还有一个名称为"filename. index"的文件,该文件为文本文件,文件内容为所有日志的清单。
- expire_logs_days:用来定义 MySQL 清除过期日志的时间,即二进制日志自动删除的天数。默认值为 0,表示没有自动删除。
- max_binlog_size:用于定义单个日志文件的大小限制,如果二进制日志写入内容的大小超出给定值,那么日志会发生滚动(关闭当前文件,重新打开一个新的日志文件)。不能将该变量设置为大于 1 GB 或小于 4 KB 的值,默认值是"1 GB"。

二进制日志设置添加完毕后,只有重新启动 MySQL 服务,配置的二进制日志信息才能生效。用户可以通过 SHOW VARIABLES 语句查询日志设置。

注意:若想关闭二进制日志功能,则只需注释[mysqld]组中与二进制日志相关的参数设置即可。

【**例 11.13**】 启动 MySQL 的二进制日志,二进制日志文件存放在 MySQL 的安装目录下,并查看日志设置。

具体操作步骤如下。

(1) 在 my.ini 配置文件中的[mysqld]组下添加如下语句,并保存。

```
log-bin = "C:\Program Files (x86)\MySQL\MySQL Server 5.5\logbin.log"
```

(2) 重新启动 MYSQL 服务。

(3) 执行 SHOW VARIABLES 语句查看日志设置,代码如下。

```
SHOW VARIABLES LIKE 'log_%';
```

MySQL 服务器日志设置情况的运行结果如图 11-8 所示。

图 11-8 MySQL 服务器日志设置情况的运行结果

从图 11-8 可以看出,log_bin 变量的值为 ON,表示二进制日志已经开启。MySQL 重启后,在 MySQL 的数据文件夹或 MySQL 的安装目录下产生"logbin.index"和"logbin.000001"的两个文件。日志文件的名称格式一般是"文件名.00000n"(文件名 + 日志序号),此处的日志文件扩展名是.000001,说明 MySQL 服务启动了 1 次,生成了第 1 个日志文件。

在编辑 my.ini 文件后,如果无法保存,那么提示"拒绝访问",解决方法如下。

(1) 停止 MySQL 服务。

(2) 把 my.ini 复制到其他盘,如 D 盘。

(3) 修改 D:\my.ini 并且保存。

(4) 以管理员身份删除原来安装目录下的 my.ini。

(5) 打开"开始"菜单,在命令行菜单项上,右击,在弹出的快捷菜单中选择"管理员运行"命令,执行如下命令,将 D 盘的 my.ini 重新复制到 MySQL 的安装路径下。

```
copy "D:\my.ini" "C:\Program Files (x86)\MySQL\MySQL Server 5.5"
```

(6) 打开 MySQL 服务。

注意:数据库文件和日志文件最好不要放在同一磁盘驱动器上,当数据库磁盘发生故障时,可以使用日志文件恢复数据。

2) 读取二进制日志

(1) 使用 SHOW BINARY LOGS 语句查看二进制日志个数及文件名。

【例 11.14】使用 SHOW BINARY LOGS 语句查看当前二进制日志个数及文件信息。

SQL 语句如下。

```
SHOW BINARY LOGS;
```

执行上述语句,查看二进制日志文件的运行结果如图 11-9 所示。

图 11-9 查看二进制日志文件的运行结果

从图 11-8 中可以看出,当前二进制日志个数只有一个,文件名是"logbin.000001"。日志文件的个数与 MySQL 服务启动的次数相同,每启动一次服务,就会产生一个新的日志文件。

(2)使用 mysqlbinlog 命令查看二进制日志内容。

二进制日志是以二进制编码的形式记录数据的更改,因此需要特殊工具读取该文件。MySQL 提供的 mysqlbinlog 工具可以查看二进制日志文件的具体内容。

mysqlbinlog 命令的语法格式如下。

```
mysqlbinlog "二进制日志文件"
```

其中,二进制日志文件中要包含其物理路径。

【**例 11.15**】使用 mysqlbinlog 命令查看二进制日志文件 logbin.000001 的具体内容。

(1)先通过 DOS 命令将二进制日志文件所在的磁盘目录设置为当前目录,代码如下。

```
CD C:\Program Files (x86)\MySQL\MySQL Server 5.5
```

(2)使用 mysqlbinlog 命令查看日志文件,代码如下。

```
mysqlbinlog logbin.000001
```

使用 mysqlbinlog 工具查看二进制日志文件,其执行结果如图 11-10 所示。

图 11-10 使用 mysqlbinlog 工具查看二进制日志文件

从图 11-10 可以看出,该日志包含了一系列的事件。每个事件都有固定长度的头,如当前的时间戳和默认的数据库。

为了方便查看二进制日志内容,mysqlbinlog 命令还可以将二进制日志文件生成为数据库的脚本文件,语法格式如下。

```
mysqlbinlog "二进制日志文件名" >"目标文件名"
```

【例 11.16】 将二进制日志文件 logbin.000001 的内容，输出到名为"mysql_temp.sql"的文件。

```
mysqlbinlog logbin.000001 > mysql_temp.sql
```

以管理员的身份执行上述命令，在当前目录下生成了名为"mysql_temp.sql"的文件。打开该文件查看内容，如图 11-11 所示。

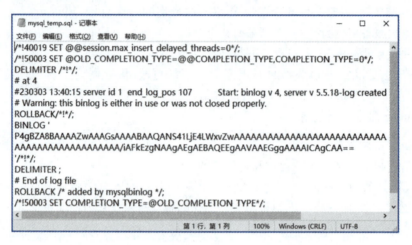

图 11-11 查看 mysql_temp.sql 文件内容

3）从二进制日志中恢复数据

在数据量较小的情况下，数据库备份操作通常使用 mysqldump 命令进行数据库完全备份，但是当数据量达到一定程度后，常采用增量备份的方法。在 MySQL 中，增量备份主要通过恢复二进制日志文件完成。MySQL 数据库会以二进制形式自动把用户对 MySQL 数据库的操作记录到文件中，当用户需要恢复时则使用二进制日志备份文件进行恢复。因此，二进制日志文件可以说就是 MySQL 的增量备份文件。

mysqlbinlog 工具除了可以查看二进制日志文件内容，还可以将二进制日志文件中两个指定时间点之间的所有修改的数据进行恢复。

mysqlbinlog 恢复数据的语法格式如下。

```
mysqlbinlog [option]文件名 | mysql -u 用户名 -p 密码
```

其中，文件名为二进制日志文件名。option 为可选参数，具体说明如下。

- ——start-date：恢复数据操作的起始时间点。
- ——stop-date：恢复数据操作的结束时间点。
- ——start-position：恢复数据操作的起始偏移位置。
- ——stop-position：恢复数据操作的结束偏移位置。

【例 11.17】 使用 mysqlbinlog 工具恢复 MySQL 数据库到 2023 年 3 月 3 日 13:40:15 的状态。

（1）首先，在存放二进制日志文件的目录下找到 2023 年 3 月 3 日 13:40:15 这个时间点的日志文件，对应为"logbin.000001"。

（2）打开 Windows 命令行窗口，将二进制日志文件所在的目录设置为当前目录。

```
CD C:\Program Files (x86)\MySQL\MySQL Server 5.5
```

（3）在命令窗口中输入如下命令，将 MySQL 数据库恢复到 2023 年 3 月 3 日 13:40:15 的状态。

```
mysqlbinlog --stop-date="2023-03-03 13:40:15" "C:\Program Files (x86)\MySQL\MySQL Server 5.5\logbin.000001"|mysql -uroot -p
```

（4）根据提示输入 root 用户的登录密码。

命令执行成功后，MySQL 服务器会恢复 logbin.000001 日志文件中 2023 年 3 月 3 日 13:40:15 时间点以前的所有操作。

【例 11.18】使用 mysqlbinlog 工具恢复 logbin.000001 文件中偏移位置从 179～288 之间的所有操作。

（1）在 Windows 命令窗口中输入如下命令。

```
mysqlbinlog --start-position=179 --stop-position=288 --database=student logbin.000001|mysql -uroot -p
```

其中，--databa0se 参数用来指明待恢复的数据库名。本例中数据库名为"student"。

（2）根据提示输入 root 用户的登录密码。

命令执行成功后，MySQL 服务器会将日志文件 logbin.000001 中的偏移位置 179～288 之间的所有操作进行恢复。

4）删除二进制日志

二进制日志文件会记录用户对数据的修改操作，随着时间的推移，该文件会不断增长，势必影响数据库服务器的性能，对于过期的二进制日志应及时删除。MySQL 的二进制日志文件可以配置为自动删除，也可以采用安全的手动删除方法。

（1）使用 RESET MASTER 语句删除所有二进制日志文件，语法格式如下。

```
RESET MASTER;
```

执行该语句后，当前数据库服务器下所有的二进制日志文件将被删除，MySQL 会重新创建二进制日志文件，日志文件扩展名的编号重新从 000001 开始。

（2）使用 PUREG MASTER LOGS 语句删除指定日志文件，使用 PUREG MASTER LOGS 语句删除指定日志文件有两种语法，语法格式如下。

```
PURGE (MASTER|BINARY) LOGS TO '日志文件名'
```

或

```
PURGE (MASTER|BINARY) LOGS BEFORE '日期'
```

其中，MASTER 语句与 BINARY 语句等效。第 1 种方法是指定文件名，执行该命令将删除文件名编号比指定文件名编号小的所有日志文件。第 2 种方法是指定日期，执行该命令将删除指定日期以前的所有日志文件。

注意：RESET MASTER 语句删除所有的二进制日志文件，PURGE MASTER LOGS 语句只删除部分二进制文件。

【例 11.19】使用 PURGE MASTER LOGS 语句删除比 logbin.000002 编号小的日志文件。

（1）使用 SHOW BINARY LOGS 语句查看当前二进制日志文件，语法格式如下。

```
mysql > SHOW BINARY LOGS;
+----------------+------------+
|Log_name        |File_size   |
+----------------+------------+
|logbin.000001   |     126    |
|logbin.000002   |     107    |
+----------------+------------+
2 rows in set (0.02 sec)
```

(2) 删除比 logbin.000002 编号小的日志文件,语句如下。

```
PURGE BINARY LOGS TO 'logbin.000002';
```

(3) 再次执行 SHOW BINARY LOGS 语句查看当前二进制日志文件,语句如下。

```
mysql > SHOW BINARY LOGS;
+----------------+------------ -+
|Log_name        |File_size    |
+----------------+------------ -+
|logbin.000002   |     107     |
+----------------+-------------+
2 rows in set (0.02 sec)
```

从显示结果可以看到,执行二进制日志删除语句后,比 logbin.000002 编号小的日志文件都已被删除。

七、错误日志

错误日志记载着 MySQL 服务器数据库系统的诊断和出错信息,包括 MySQL 服务器启动、运行和停止数据库的信息,还包括所有服务器出错信息。

1. 启动和设置错误日志

在默认情况下,MySQL 会开启错误日志,用于记录 MySQL 服务器运行过程中发生的错误信息。错误日志文件默认存放在 MySQL 服务器的 data 目录下,文件名默认为主机名.err。错误日志的启动、停止及日志文件名都可以通过修改 my.ini 来配置,只需在 my.ini 文件的 [mysqld] 组中配置 log – error 参数,就可以启动错误日志。若需要指定文件名,则配置如下。

```
[mysqld]
log - error =[路径/[文件名]]
```

其中,路径为错误日志文件所在的目录路径,文件名为错误日志的文件名。修改配置后,重新启动 MySQL 服务即可。

注意:若想关闭数据库错误日志功能,则只需注释 log-error 参数行即可。

2. 查看错误日志

通过错误日志可以监视系统的运行状态,便于及时发现故障并修复故障。MySQL 错误日志是以文本文件形式存储的,可以使用文本编辑器直接查看错误日志。

【例 11.20】查看 MySQL 的错误日志。

可以通过 SHOW VARIABLES 语句查看错误日志名和路径。

```
SHOW VARIABLES LIKE 'log_error';
```

执行上述语句,查看错误日志存储的物理路径的执行结果如图 11-12 所示。

图 11-12　查看错误日志存储的物理路径的执行结果

从图 11-11 中可以看出,错误日志存在于默认的数据目录下,使用记事本打开该文件,显示错误日志的部分内容如图 11-13 所示。

图 11-13　错误日志的文本内容

3. 删除错误日志

由于错误日志是以文本格式存储的,因此可以直接删除。在运行状态下删除错误日志文件后,MySQL 并不会自动创建日志文件,需要使用 flush logs 重新加载。用户可以在服务器端执行 mysqladmin 命令重新加载,Windows 窗口命令如下。

```
C:\>mysqladmin -uroot -p[密码] flush logs
```

此外,删除错误日志还可以在数据库已登录的客户端重新加载,SQL 语句如下。

```
mysql>flush logs;
```

八、通用查询日志

通用查询日志一般是以.log 为扩展名的文件,如果没有在 my.ini 文件中指定文件名,就默认主机名为文件名。这个文件的用途不是为了恢复数据,而是为了监控用户的操作情况,如用户什么时候登录,哪个用户修改了哪些数据等。

1. 启动和设置通用查询日志

在默认情况下,MySQL 服务器并没有开启查询日志。若需要开启通用查询日志,则可以通过修改系统配置文件 my.ini 来开启。与二进制日志和错误日志类似,需要在 my.ini 文件的[mysqld]组下加入 log 选项设置,配置信息如下。

```
[mysqld]
log=[path/[filename]]
```

其中,path/[filename]表示通用查询日志文件存储的物理路径和文件名。如果不指定存储位置,那么通用查询日志将默认存储在 MySQL 数据文件夹中,并以"主机名.log"命名。

此外,通用查询日志也可以在 my.ini 配置文件中设置如下系统变量。

```
[mysqld]
log_output=[none|file|table|file,table]
general_log=[on|off]
general_log_file[=filename]
```

其中,log_output 用于设置通用查询日志输出格式;general_log 用于设置是否启用通用查询日志;general_log_file 指定日志输出的物理文件。以上方法中均需要重新启动 MySQL 服务器才能使设置生效。

【例11.21】 启用 MySQL 的通用查询日志,日志文件保存在 D 盘根目录下,命名为"general _log"。在 my.ini 文件的[mysqld]组中添加如下配置信息。

```
[mysqld]
general_log=on
general_log_file='d:/general_log'
```

保存文件,并重新启动 MySQL 服务器,此时在 D 盘根目录下可以查看到名为"general_log"的日志文件。

使用 SHOW VARIABLES 语句可以查看与通用查询日志相关的系统变量。

【例11.22】 使用 SHOW VARIABLES 语句查看通用查询日志的系统变量,SQL 语句如下。

```
SHOW VARIABLES LIKE '%general%';
```

执行上述语句,查看通用查询日志变量的结果如图 11-14 所示。

图 11-14 查看通用查询日志变量的结果

从查询结果可以看到,通用查询日志呈开启状态,日志文件存储在 D 盘根目录下,命名为"general_log"。

注意:由于查询日志会记录用户的所有操作,其中还包含增、删、查、改等信息,因此在并发操作大的环境下会产生大量的信息,从而导致不必要的磁盘 I/O,会影响 MySQL 的性能。如若不是为了调试数据库,建议不要开启查询日志。

为了方便数据库对通用查询日志的使用,数据库管理员还可以在 MySQL 的客户端中直接设置相关变量,开启或关闭通用查询日志,语法格式如下。

```
SET GLOBAL general_log = [ON|OFF];
```
或
```
SET @@GLOBAL.general_log=[0|1];
```
【例 11.23】使用 SET 语句关闭通用查询日志的系统变量。
```
SET GLOBAL general_log = OFF;
```
执行上述语句,并使用 SHOW VARIABLES 语句查询通用查询日志的系统变量,修改后的通用查询日志变量的执行结果如图 11-15 所示。

图 11-15　修改后的通用查询日志变量的执行结果

从图 11-15 可以看出,通用查询日志已经关闭。

2. 设置通用查询日志输出格式

在默认情况下,通用查询日志输出格式为文本,可以通过设置 log_output 变量来修改输出类型,语法格式如下。
```
SET GLOBAL log_output = [none|file|table|file,table]
```
其中,file 设置输出日志为文本格式;table 是指输出为数据表,该表为存储在 mysql 数据库中的 general_log 表;file,table 表示同时向文件和数据表中添加日志记录;设置为 none 时不输出任务日志。

【例 11.24】设置输出通用查询日志格式为"table"。
```
SET GLOBAL log_output = 'table';
```
执行上述语句,并使用 SHOW VARIABLES 语句查询 log_output 变量,代码如下。
```
SHOW VARIABLES LIKE 'log_output';
```
查看 log_output 变量的执行结果如图 11-16 所示。

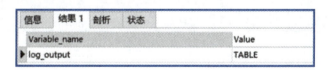

图 11-16　查看 log_output 变量的执行结果

从图 11-16 可以看出,通用查询日志格式已更改为"table"类型。此时,用户对数据库的所有操作都会记录在 mysql 数据库的 general_log 表中。

3. 查看通用查询日志

查看通用查询日志,数据库管理员可以清楚地知道用户对 MySQL 进行的所有操作。当通用查询日志输出为文本格式时,只需使用文本编辑器打开相应的日志文件即可。

【例 11.25】使用文本编辑器查看 MySQL 通用查询日志。

打开 D 盘根目录下 general_log 文件,内容如图 11-17 所示。

图 11-17 general_log 中的文件内容

从图 11-17 可以看到,MySQL 的启动信息和用户 root 连接服务器,切换数据库及数据查询语句都记录在该文件中。

当通用查询日志输出为数据表时,可以通过查询 mysql 数据库中的 general_log 表查看数据库的操作情况。

【例 11.26】查询 mysql 数据库的 general_log 表的记录信息。

(1)首先使用 DESC 语句查看 general_log 表的结构,语句如下。

```
DESC mysql.general_log;
```

系统日志表结构的执行结果如图 11-18 所示。

图 11-18 系统日志表结构的执行结果

其中,event_time 表示事件发生时间;user_host 表示操作的用户名;thread_id 表示操作的进程 ID;server_id 表示操作的服务器 ID;command_type 表示操作类型;argument 表示操作内容。

(2)使用 SELECT 语句查询日志表中操作类型和操作内容。

SQL 语句如下。

```
SELECT command_type,argument FROM mysql.general_log;
```

执行上述语句,查询结果如图 11-19 所示。从图 11-19 可以看出,对数据库进行的查询和切换数据库操作都记录在日志表中。

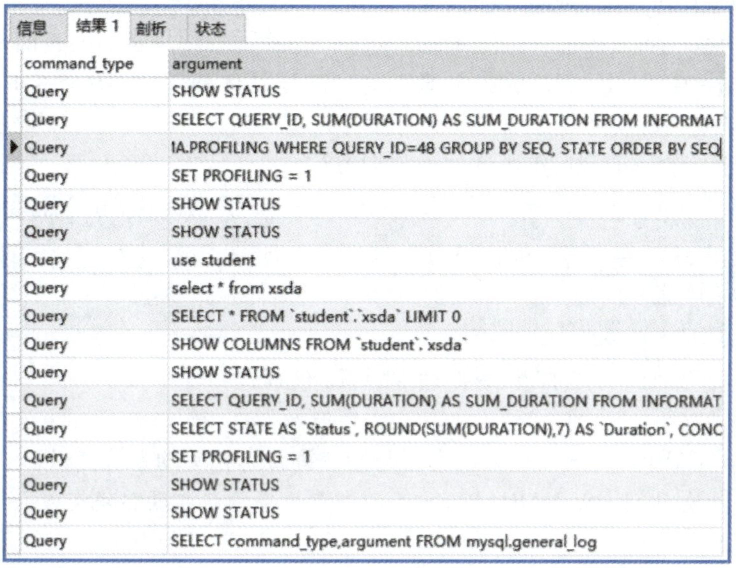

command_type	argument
Query	SHOW STATUS
Query	SELECT QUERY_ID, SUM(DURATION) AS SUM_DURATION FROM INFORMAT
Query	IA.PROFILING WHERE QUERY_ID=48 GROUP BY SEQ, STATE ORDER BY SEQ
Query	SET PROFILING = 1
Query	SHOW STATUS
Query	SHOW STATUS
Query	use student
Query	select * from xsda
Query	SELECT * FROM `student`.`xsda` LIMIT 0
Query	SHOW COLUMNS FROM `student`.`xsda`
Query	SHOW STATUS
Query	SELECT QUERY_ID, SUM(DURATION) AS SUM_DURATION FROM INFORMAT
Query	SELECT STATE AS `Status`, ROUND(SUM(DURATION),7) AS `Duration`, CONC
Query	SET PROFILING = 1
Query	SHOW STATUS
Query	SHOW STATUS
Query	SELECT command_type,argument FROM mysql.general_log

图 11-19　系统日志表中的日志信息

4. 删除通用查询日志

由于通用查询日志记录用户的所有操作，因此在用户查询、更新频繁的情况下，通用查询日志会增长很快。数据库管理员可以定期删除早期的通用查询日志，以节省磁盘空间。当通用查询日志是文本格式时，直接删除磁盘文件即可；若通用查询日志记录在表中时，则可以使用 DELETE 语句删除数据表的方式删除查询日志。

九、慢查询日志

慢查询日志是记录执行比较慢的查询的日志。数据库管理员通过对慢查询口志进行分析，可以找出执行时间较长、执行效率较低的语句，并对其进行优化。

1. 启动和设置慢查询日志

MySQL 中慢查询日志默认是关闭的，若需要开启慢查询日志，则同样可以修改系统配置文件 my.ini。在 my.ini 文件的 [mysqld] 组下加入慢查询日志的配置选项，即可以开启慢查询日志，其配置信息如下。

```
[mysqld]
log-slow-queries=[path/[filename]]
long_query_time=n
log-queries-not-using-indexes=[ON|OFE]
```

语法说明如下。

- log-slow-queries：表示 MySQL 慢查询日志的存储目录。如果不指定目录和文件名，那么默认存储在数据目录下，文件名为"hostname-slow.log"，hostname 是 MySQL 服务器的主机名。

- long_query_time = n：表示查询执行的阈值。n 为时间值，单位是 s，默认时间为 10 s。当查询超过执行的阈值时，查询将会被记录。
- log – queries – not – using – indexes：值为 ON 时，将没有使用索引的查询记录在日志中。

【例 11.27】启用 MySQL 的慢查询日志，日志文件保存在 D 盘根目录下，命名为"slow.log"，记录查询时间超过 5 s 或未使用索引的查询。

在 my.ini 文件的[mysqld]组中添加如下配置信息。

```
[mysqld]
log - slow - queries = "d:/slow.log"
long_query_time = 5
log - queries - not - using - indexes = ON
```

保存文件，并重新启动 MySQL 服务器，此时在 D 盘根目录下可以查看到名为"slow.log"的日志文件。

使用 SHOW VARIABLES 语句可以查看与慢查询日志相关的系统变量。

【例 11.28】使用 SHOW VARIABLES 语句查看慢查询日志的系统变量。

SQL 语句如下。

```
SHOW VARIABLES LIKE '% slow% ';
```

执行上述语句，查询结果如图 11-20 所示。

Variable_name	Value
log_slow_queries	ON
slow_launch_time	2
slow_query_log	ON
slow_query_log_file	d:/slow.log

图 11-20　查看慢查询日志变量

从查询结果可以看到，慢查询日志呈开启状态，日志文件存储在 D 盘根目录下，命名为"slow.log"。

此外，数据库管理员可以在当前会话中，使用 SET GLOBAL 语句，重设慢查询日志的变量状态。

注意：日志记录到系统的专用日志表中，要比记录到文件耗费更多的系统资源。如果需要启用慢查询日志，又想获得更高的系统性能，那么建议优先将日志记录到文件。

2. 查看慢查询日志

MySQL 的慢查询日志是以文本形式存储的，可以直接使用文本编辑器查看。在慢查询日志中，记录着执行时间较长的查询语句，用户可以从慢查询日志中获取执行效率较低的查询语句，为查询优化提供重要依据。

3. 分析慢查询日志

慢查询日志记录了查询时间超过阈值的查询语句，为了更好地优化影响性能的查询语句，MySQL 提供多种查询日志分析，主要包括 mysqldumpslow、mysql-explain-slow-log、mysqlsla、 myprofi 等，这些工具能实现对查询日志的分析和统计，帮助数据库管理员实现查询优化。本项目仅介绍 mysqldumpslow 工具，来阐述查询日志分析工具的使用方法。

mysqldumpslow 是 MySQL 官方提供的慢查询日志分析工具，主要功能包括统计慢查询的出现次数（Count）、执行最长时间（Time）、累计总耗费时间（Time）、等待锁的时间（Lock）、扫描的行总数（Rows）等。通过这些统计信息实现对 MySQL 查询语句的监控、分析，为数据库管理员优化查询提供参考依据。

注意：mysqldumpslow 工具使用的是 Perl 语言脚本，要使用该工具需在安装并配置 Perl 语言的编译环境。笔者使用的 Perl 安装包为"ActivePerl_5.16.2.3010812913.msi"，安装后将 Perl 命令的路径配置为系统环境变量。

使用 mysqldumpslow 工具时，语法格式如下。

```
perl mysqldumpslow.pl [OPTIONS] [[path]filename1] > [[path]filename2]
```

其中，perl 为 Perl 语言编译器。filename1 表示待分析的慢日志文件的文件名。filename2 表示存放分析结果的文件名。path 表示文件的物理路径。OPTIONS 参数有多种取值，常用 OPTIONS 参数说明如下。

- -s：表示按照何种方式排序。c 表示按照次数排序；t 表示按照总查询时间排序；l 表示按照锁定时间排序；r 表示按照返回的记录数排序；at 表示按照平均查询时间排序；al 表示按照平均锁定时间排序；ar 表示按照平均返回的记录数排序。
- -t：表示 top n 的意思，即为返回前面 n 条数据。
- -g：后边跟一个正则表达式，不区分大小写。

【例 11.29】 使用 mysqldumpslow 工具，统计分析查询时间最多的 3 条 SQL 语句。

具体操作步骤如下。

（1）打开 Windows 命令窗口，将 C:\Program Files (x86)\MySQL\MySQL Server 5.5\bin 文件夹设为当前文件夹。

```
D:\>cd C:\Program Files (x86)\MySQL\MySQL Server 5.5\bin
```

（2）使用 mysqldumpslow 工具，查看用时最多的前 3 条 SQL 语句，语句如下。

```
perl mysqldumpslow.pl -s t -t 3 d:\slow.log
```

其中，perl 用于编译并执行 mysqldumpslow.pl；-s t 表示按查询用时从高到低排序；-t 3 表示取前 3 条记录；d:\slow.log 表示工具读取的慢日志文件的物理文件名。若将 Perl 执行文件路径配置为系统环境变量，该命令可简写成如下。

```
mysqldumpslow.pl -s t -t 3 d:\slow.log
```

执行上述命令，结果会显示慢查询日志中查询时间最多的 3 条 SQL 语句，分析并统计了每条语句的执行次数、查询用时、锁定时间、平均返回的记录行数及操作用户等信息。

【例 11.30】 使用 mysqldumpslow 工具，统计分析查询次数最多的 3 条 SQL 语句，并将分析结果输出到 D 盘根目录下，文件名为"result.txt"。

命令语句如下。

```
mysqldumpslow.pl -s c -t 3 d:\slow.log > d:\result.txt
```

执行命令，使用文本编辑器打开 D 盘根目录下的 result.txt 文件，可以看出，结果按执行次数进行了排序。

4. 删除慢查询日志

和通用查询日志一样,慢查询日志也可以直接删除。删除后在不重启服务器的情况下,需要执行 mysqladmin – uroot – pPassword flush – logs 语句重新生成日志文件,或者在客户端登录到服务器,执行 flush logs 语句重建日志文件。

任务评价

任务评价表

技能目标	备份数据;恢复数据			
综合素养	需求分析能力	灵活运用代码的能力	排查错误能力	团队协作能力
自我评价				

拓展学习

一、使用 MySQL 图形化管理工具 Navicat 备份数据

方式 1:使用备份菜单备份数据。

具体步骤如下。

(1)打开 Navicat,连接到 MySOL 数据库服务器。

(2)打开 student 数据库,选择"备份"选项,如图 11-21 所示。

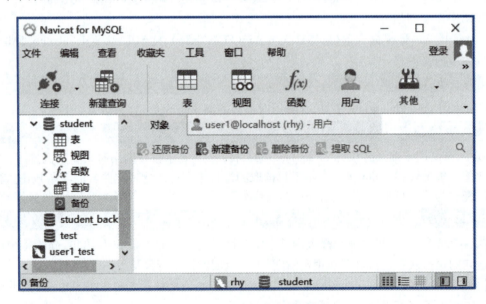

图 11-21 Navicat 中备份对象

(3)右击"备份"选项,在弹出的快捷菜单中选择"新建备份"命令,或单击"新建备份"按钮,即可弹出"新建备份"对话框,如图 11-22 所示。

项目 11　维护"学生信息"数据库的高可用性

图 11-22　"新建备份"对话框

(4)切换到"对象选择"选项卡,选择备份的数据表、视图、函数或事件对象,也可以单击"全选"按钮,选择全部备份,如图 11-23 所示。

图 11-23　"对象选择"选项卡

(5)切换到"高级"选项卡,指定备份文件的文件名,此处指定为"student_backup"。若不指定,则会以当时日期和时间作为备份文件的名字,也可设置文件是否压缩或是使用单一事务,如图 11-24 所示。

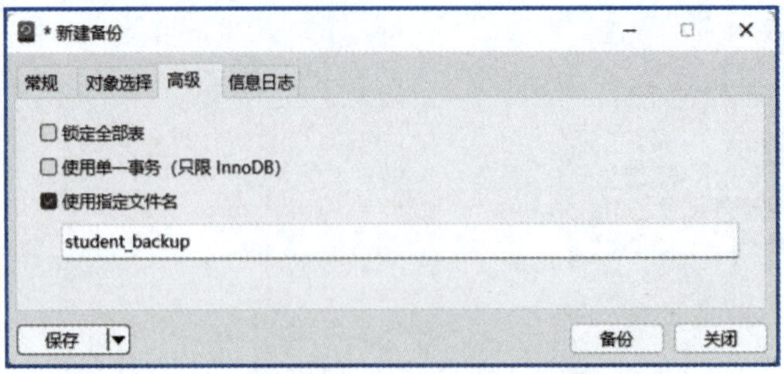

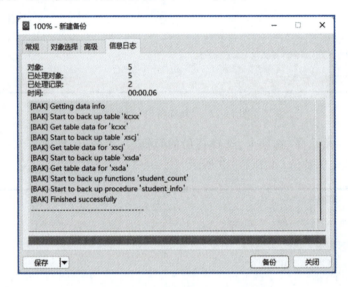

图 11-24 "高级"选项卡

(6)单击"备份"按钮,系统开始备份,如图 11-25 所示。

图 11-25 备份数据表成功

(7)备份完成后,单击"关闭"按钮即可,备份完成后的备份文件如图 11-26 所示。

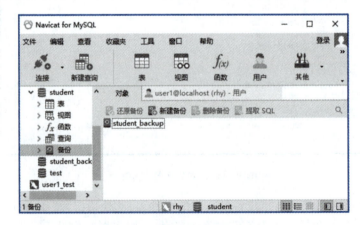

图 11-26 备份完成后的备份文件

注意：该文件的默认保存路径为"C：\rhy\student\student_backup.nb3"。为了防止数据丢失，可以修改备份文件的存放路径，方法如下。

- 在图 11-27 中，选择连接服务名"rhy"，右击，在弹出的快捷菜单中选择"编辑连接"命令。

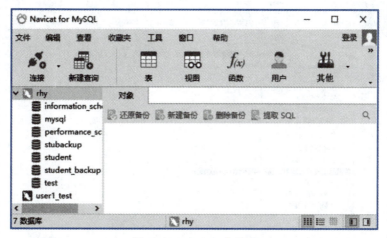

图 11-27　Navicat 主界面

- 弹出"是否关闭服务器连接"提示框，如图 11-28 所示。
- 单击"确定"按钮，弹出"编辑连接"对话框，选择"高级"选项卡，在"设置保存路径"文件框中设置新的数据备份路径，如图 11-29 所示，然后单击"确定"按钮即可。

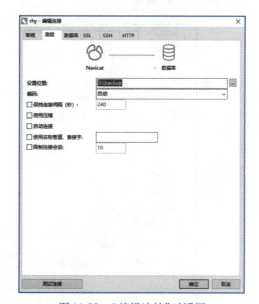

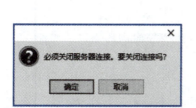

图 11-28　"是否关闭服务器连接"提示框　　图 11-29　"编辑连接"对话框

方式 2：使用转储 SQL 语句备份数据。

具体步骤如下。

(1) 打开 Navicat，连接到 MySQL 数据库服务器。

(2) 右击 student 数据库，在弹出的快捷菜单中选择"转储 SQL 文件"→"结构和数据"命令,如图 11-30 所示。

图 11-30　选择"结构和数据"命令

(3)在弹出的对话框中输入要备份的文件名,这里命名为"student.sql",存储位置为"D:\backup",如图 11-31 所示。

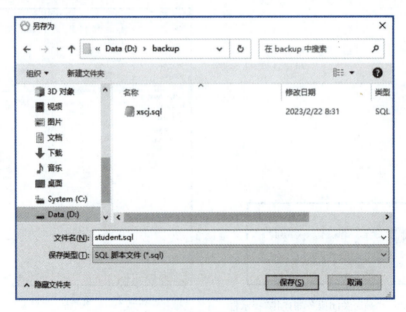

图 11-31　设置备份位置和文件名

(4)单击"保存"按钮,将产生转储 SQL 文件,如图 11-32 所示。
(5)在 backup 文件夹下,可以看到备份文件,如图 11-33 所示。

项目 11　维护"学生信息"数据库的高可用性

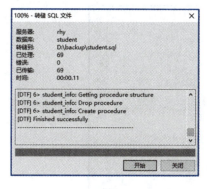

图 11-32　转储 SQL 文件

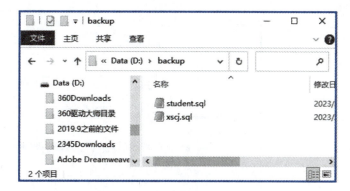

图 11-33　backup 文件夹下的备份文件

（6）使用记事本打开 student.sql，可以看到用于删除原有表、创建新表及插入原有数据的 SQL 语句。

二、使用 MySQL 图形化管理工具 Navicat 恢复数据

方式 1：通过备份文件恢复数据。

将备份文件 student_backup.nb3 恢复为数据库 student_backup。具体步骤如下。

（1）打开 Navicat，连接到 MySOL 数据库服务器。

（2）新建并打开数据库 student_backup，右击"备份"选项，在弹出的快捷菜单中选择"还原备份从"命令，还原备份操作如图 11-34 所示。

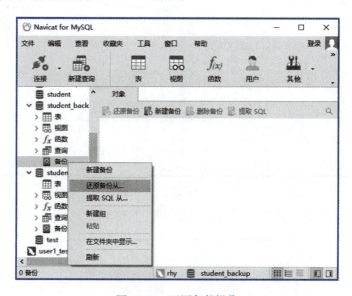

图 11-34　还原备份操作

（3）在弹出的"打开"对话框中找到对应的备份文件 student_back.nb3 文件，如图 11-35 所示。

（4）选中 student_backup.nb3 文件，单击"打开"按钮，弹出"还原备份"对话框，如图 11-36 所示。

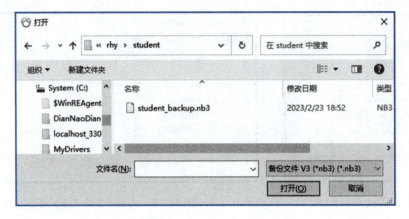

图 11-35 "打开"对话框

图 11-36 "还原备份"对话框

(5)单击"还原"按钮,弹出"警告"提示框,如图 11-37 所示。

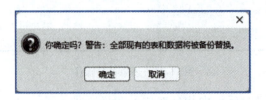

图 11-37 "警告"提示框

(6)单击"确定"按钮,随即开始进行数据还原,显示的"信息日志"选项卡如图 11-38 所示。

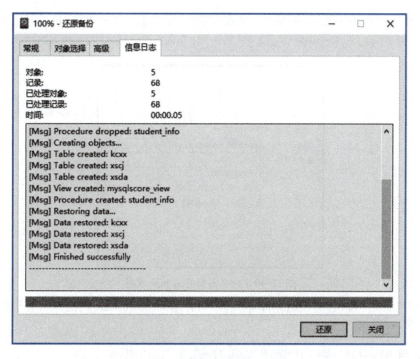

图 11-38 "信息日志"选项卡

(7)单击"关闭"按钮,完成数据恢复。重新打开 student_backup 数据库,即可看到所有备份的表已恢复到该数据库。

方式 2:利用转储 SQL 文件恢复数据。

具体步骤如下。

(1)打开 Navicat,连接到 MySQL 数据库服务器,新建一个数据库 student_restore。

(2)双击 student_restore 数据库,使该数据库处于选中状态。右击,在弹出的快捷菜单中选择"运行 SQL 文件"命令,如图 11-39 所示。

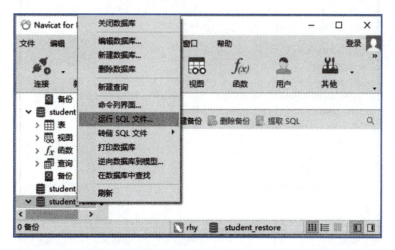

图 11-39 选择"运行 SQL 文件"命令

(3)打开"运行 SQL 文件"对话框,设置"文件"为之前已经备份好的扩展名为 .sql 的文件,如图 11-40 所示。

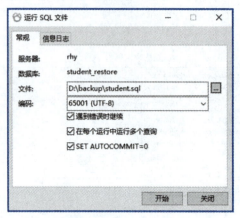

图 11-40　选择备份好的 SQL 文件

(4)单击"开始"按钮,实现数据库还原,即可在 student_restore 数据库中看到还原的表和数据。

三、使用 MySQL 图形化管理工具 Navicat 导出数据

【例 11.31】使用 MySQL 图形化管理工具 Navicat 导出 student 数据库中的 xsda 表中的数据,要求导出文件格式是文本文件。

具体操作步骤如下。

(1)启动 Navicat,打开 student 数据库所在服务器的连接,选中 student 数据库,单击"对象"选项卡上的"导出向导"按钮,打开"导出向导"对话框,如图 11-41 所示。

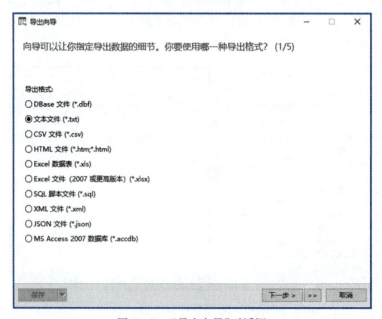

图 11-41　"导出向导"对话框

（2）选择导出格式中的"文本文件（*.txt）"，然后单击"下一步"按钮，打开"导出对象选择"对话框，如图 11-42 所示。

图 11-42 "导出对象选择"对话框

（3）选中 xsda 表，并设置导出文件的路径，如图 11-43 所示。

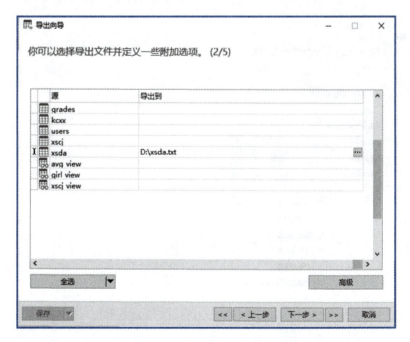

图 11-43 设置导出文件的路径

（4）单击"下一步"按钮，打开"设置导出数据列"的对话框，如图 11-44 所示。

图 11-44　"设置导出数据列"的对话框

（5）单击"下一步"按钮，打开"设置附加选项"的对话框，设置字段分隔符为"逗号"，文本识别符号为"双引号"，如图 11-45 所示。

图 11-45　"设置附加选项"的对话框

(6)单击"下一步"按钮,打开"导出向导配置完成"对话框,然后单击"开始"按钮,完成数据导出,如图 11-46 所示。

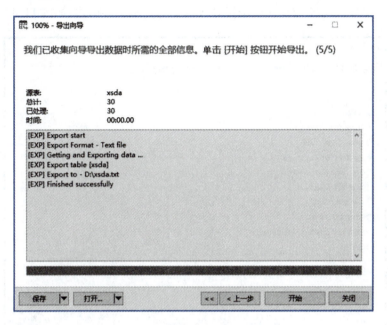

图 11-46　数据导出

数据导出执行完成后,可以看到 D 盘根目录下生成了 xsda.txt 文件。查看 xsda.txt 文件,文本内容如图 11-47 所示。

图 11-47　xsda.txt 文件的文本内容

四、使用 MySQL 图形化管理工具 Navicat 导入数据

【例 11.32】使用 MySQL 图形化管理工具 Navicat,将 xsda.txt 文件中的数据导入到 student 数据库的 xsda 表。

具体操作步骤如下。

(1)启动 Navicat,打开服务器的连接,选中 student 数据库,单击"对象"选项卡上的"导入向导"按钮,打开"导入向导"对话框,选择导入格式为文本文件格式,如图 11-48 所示。

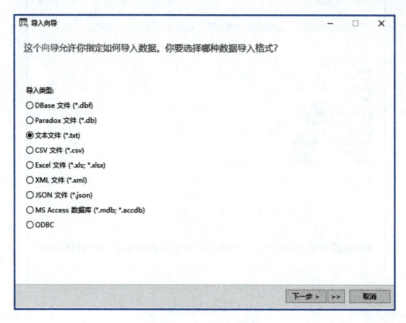

图 11-48　选择导入格式

(2)单击"下一步"按钮,打开"选择导入文件"的对话框,选择需导入的文件和编码,如图 11-49 所示。

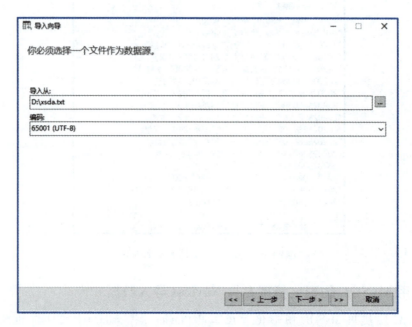

图 11-49　选择导入的文件和编码

(3)单击"下一步"按钮,打开"设置分隔符"的对话框,设置记录分隔符"CRLF"、字段分隔符","和文本限定符""",如图 11-50 所示。

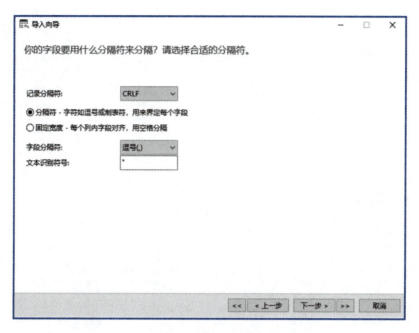

图 11-50　设置分隔符

(4)单击"下一步"按钮,打开"设置附加选项"的对话框,设置字段名行为"0",第一个数据行为"1",其他均为默认值,如图 11-51 所示。

图 11-51　"设置附加选项"的对话框

（5）单击"下一步"按钮，打开"选择目标表"的对话框，设置源表和目标表均为 xsda 表。如图 11-52 所示。

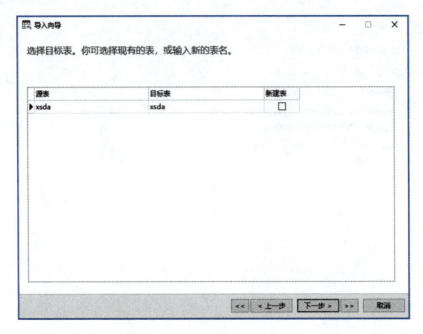

图 11-52 "选择目标表"的对话框

（6）单击"下一步"按钮打开"设置字段对应"的对话框，设置源表与目标表对应的列，如图 11-53 所示。

图 11-53 "设置字段对应"的对话框

(7)单击"下一步"按钮,打开"设置导入模式"的对话框,选择添加记录到目标表的选项,如图 11-54 所示。

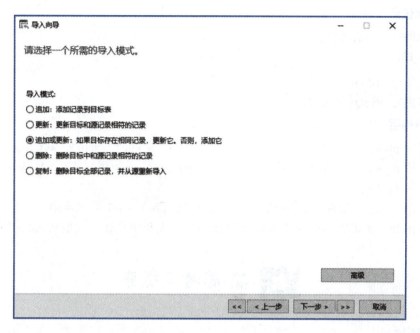

图 11-54 "设置导入模式"的对话框

(8)单击"下一步"按钮,在打开的对话框中单击"开始"按钮,即可完成导入数据,如图 11-55所示。

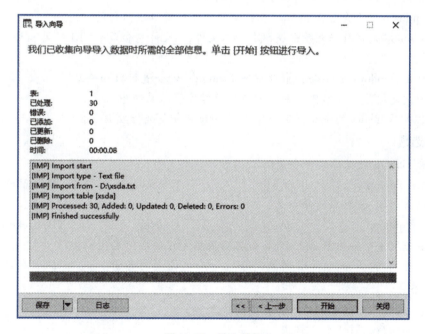

图 11-55 导入数据

项目实践

1. 实践任务
备份和恢复 Eshop 数据库。

2. 实践目的
(1) 能备份 MySQL 数据库。
(2) 能恢复 MySQL 数据库。

3. 实践内容
(1) 使用 mysqldump 命令备份 Eshop 数据库到 D:\backup\Eshop_backup.sql 文件中。
(2) 使用 mysqldump 命令备份 Eshop 数据库中的商品表和用户表到 D:\backup\goods_users_backup.sql 中。
(3) 使用 mysql 命令恢复 Eshop 数据库的所有数据到 Eshop1 数据库中。
(4) 使用 SOURCE 命令恢复 Eshop 数据库的商品表和用户表的数据到 Eshop2 数据库中。

思考与探索

一、判断题
1. 从数据备份时数据库服务器的在线情况来划分,数据备份分为热备份、温备份和冷备份。（   ）
2. 使用 mysqldump 命令只能备份一个数据库。（   ）
3. mysqldump 命令是在 Windows 控制台的命令行窗口中执行的。（   ）
4. mysqldump 是将数据表导出成 SQL 脚本文件,该文件包含多个 CREATE 和 INSERT 语句。（   ）
5. 可以在 Windows 的命令行窗口中使用 mysqld 命令进行数据恢复。（   ）
6. 数据恢复就是将数据库的副本加载到数据库管理系统中。（   ）
7. 可以在 Windows 的命令行窗口中使用 source 命令进行数据恢复。（   ）

二、单选题
1. 备份 MySQL 数据库的命令是(   )。
   A. mysqldump　　　B. mysql　　　C. copy　　　D. backup
2. 还原 MySQL 数据库的命令是(   )。
   A. mysqldump　　　B. mysql　　　C. return　　　D. backup
3. 在某一次完全备份基础上,只备份其后数据变化的备份类型称为(   )。
   A. 完全备份　　　B. 增量备份　　　C. 差异备份　　　D. 比较备份

三、简述题
1. 简述 MySQL 数据库中的四种日志的特点。
2. 简述如何使用日志备份数据。

参 考 文 献

[1] 陈彬.数据库技术项目化教程:基于MySQL[M].大连:大连理工大学出版社,2019.
[2] 黄翔,刘艳.MySQL数据库技术[M].北京:高等教育出版社,2019.
[3] 李锡辉,王樱.MySQL数据库技术与项目应用教程[M].北京:人民邮电出版社,2018.
[4] 杨云.SQL Server 2008数据库管理与开发:项目式[M].北京:清华大学出版社,2016.